故溝口秋生先生に捧ぐ

水俣病患者相談のいま

カバー・本文イラスト　くぼやままさこ［HUNKA］
https://www.facebook.com/hunka.jp/
https://www.instagram.com/hunka.jp/

表紙・扉写真　葛西伸夫［相思社］

本文写真　内田和稔
https://note.mu/kazu_uchida
http://91723531.at.webry.info/

みな、やっとの思いで坂をのぼる

永野三智
Nagano Michi

ころから

まえがき

冷水《ひやすじ》の森と苦い思い出

私は、父と母、4人姉弟のなかで、熊本県水俣《みなまた》市袋《ふくろ》の出月《でづき》という小さな集落に育った。

子どもの頃の思い出は、自転車と穏やかな海と冷水《ひやすじ》水源の森。母は車の免許を持たなかったので、彼女と子どもたちの移動は自転車か歩きだった。母のこぐ自転車の荷台からは、いつも穏やかな水俣湾の水面《みなも》が見えた。

冷水水源の森は、小学校から逃げて向かった。森の中からは外の様子が見えるのに、森の外からは中が見えない。追いかけてくる先生をまくことができた。

私の実家や父の職場には、ときどき近所の水俣病の人がやってきた。両親と同世代の小児性患者のお兄さんが母に向かって言う、「博美ちゃん、父ちゃんと別れて俺と結婚せんや」という冗談に、母を奪われるのではないかとドキドキした。

小学校の頃、担任の先生が私を含む女の子3人と男の子2人の「出月組」を作った。私たちは毎日一緒に下校した。白粉花《おしろいばな》をつぶして顔に塗りたくり、豆笛を吹き、花の蜜《みつ》を吸い、野いちごを摘《つ》んで食べ、冷水水源の森にそっと忍び込んで湧水《わきみず》を飲んだ。そしてお決まりは、通学路のちょうど真ん中にある父の職場での休憩だった。そこには、胎児性水俣病のお姉さんたちも出入りした。出月組の男の子たちは父の職場を出るとお姉さんたちと私の関係をからかい、体をくねらせるお姉さんの動きを笑った。私は「お姉さんたちがお父さんのところにいませんように」と思いながら、下校するようになった。

ある日の学校からの帰り道、向こうから胎児性患者のお姉さんが歩いてきた。私たちに近づいたとき男の子たちがお姉さんの動きを笑い、真似を始めた。「ほら、お前らも真似せんや」と言われ、今度は女の子たちも真似を始めた。

私は何も言えず突っ立っていた。お姉さんの顔は歪《ゆが》み、私を見つめていた。私は真似をする、真似をしない、お姉さんを守る、守らないという選択肢を頭のなかで巡《めぐ》らせ、とうとう真似を始めた。お姉さんはその瞬間に地面に崩れ、大きく嗚咽《おえつ》し始めた。

「やばいぞ！　逃げろ！」という男の子の声に弾かれて、私はみんなと一緒に走った。走りながら、取り返しのつかないことをしたと思った。人の心を殺すのは一瞬だ。

数日後の夕方、父があぐらに私を座らせ「みっちゃん、お姉ちゃんの真似ばしたっかい？」と聞いた。

「なんでそげんことしたと？　悲しか」

父の顔が見られず、必死になって「真似してないもん」と嘘をついた。それ以来、私は父の職場で彼女に会うことが怖く、あまり立ち寄らなくなった。彼女も、わが家にはあまり来なくなったように思う。結局お姉さんに謝ることのできないまま大人になってしまった。子どもの頃の、最も苦い思い出だ。

水俣からの逃避

年齢が上がるにつれて私自身も水俣や水俣病に嫌な思いをするようになった。中学を卒業して熊本市へ出てからはそれが嫌で、出身を隠し、「鹿児島生まれ」と嘘をついて暮らすようになった。逃げたからといって何かが解決するわけではないけれど、少しでも楽に生きたかった。

そのうちに子どもを産み、恩師の溝口秋生《みぞぐちあきお》さんが2001年にひとりで始めた溝口訴訟（2013年最高裁判決）と出会った。裁判の傍聴《ぼうちょう》に通い、地域の人たちが水俣病事件の歴史の中で経験してきた理不尽《りふじん》な扱いや憤《いきどお》りを知るなかで、水俣を隠す自分をつき離して見るという経験をした。同じ時期に環境運動をする大学生たちや障害者運動をする人たちと出会い、自分の暮らしや社会のことを少しだけ考えるようになった。

一方で子育ては大変だった。助けてと言えず、水俣に帰ろうかという考えがちらついても、すでに亡くなっていた母の不在と、「子どもを水俣出身にしたくない」気持ちが私を水俣から遠ざけた。

だったら一度全部捨てて楽になろうと、バックパックとテントを担《かつ》ぎ、子どもを抱《だ》いて旅に出た。

春夏秋はヒッチハイクで国内をめぐった。先が見えない旅は、不安もストレスも大きかった。でも、もうダメかもしれないと思うとその都度《つど》わたしたちは温かい居場所や仕事を得た。沖縄で基地の反対運動をする人にチッソの安定賃金闘争や水俣病の歴史を教わり、農場では水俣をきっかけに有機農業を始めたと聞いた。こうした出会いは、避けてきた水俣を見直す機会にもなった。

寒い冬は、東南アジアに逃げた。現地の人たちは子どもに対してどこまでも優しく、ついでにくっついている私にもよくしてくれた。言葉を学び、暮らしを助けられ、道行く人から果物や金銭の喜捨《きしゃ》（施《ほどこ》し）を受けた。東南アジアで生きる人たちの心は豊かで、私の心も軽くなった。

日本に帰ってからまた同じようにたくさんの人に世話になり、アジアと同じ温かさを感じた。結局私たちは守られていた。どこまでもだめな私を受け入れてくれる人たちに心や労力や時間や金を使わせ迷惑をかけたけど、おかげで生き、子どもを育てることができた。彼らの社会は、自立することや人に迷惑をかけないことを美徳とする世界ではなく、安心して迷惑をかけあえる「もうひとつのこの世」だった。それは飛びこめばすぐそこにあった。

水俣への帰還

疲れ果てボロボロになった私の頭に浮かんだのは水俣で、それが旅の終わりだった。子どもの就学時期も迫っていた。逃げたいと思っていた水俣に、逃げ帰ったのが２００７年。

病院で働いたあと、２００８年、濱元二徳《はまもとつぎのり》さんと石牟礼道子《いしむれみちこ》さんの言う「じゃなかしゃば（そうじゃない娑婆）」、「もうひとつのこの世」という言葉に惹《ひ》かれ、溝口訴訟で出会った当時の職員の坂西卓郎《さかにしたくろう》さんに引きあげてもらう形で相思社《そうししゃ》に入った。

冒頭のお姉さんに謝れたのも、その頃だった。子どもの通う袋《ふくろ》小学校で水俣病授業が開かれ、講師の１人として彼女が来た。そうと知らず参加した私の頭は子どもの頃のあの出来事でいっぱいだった。１時間後、授業を終えた先生と娘たちから時間をもらった。ここで謝らないと一生謝れないと思ったが、彼女の前に立つと涙が止まらず「私は、お姉ちゃんの、真似をしました」と言うのがやっとだった。お姉さんが全身で泣き始めた。

「ごめんなさい」と言うと、お姉さんは「いいんよ。いいんよ」と言って泣きながら笑った。

その年の母の命日、彼女は「親友のために」というメッセージ付きで花をくれた。母を思う彼女に自分がしたことを思う。謝ったからと言って、許されたとは思わない。彼女にしたことはやっぱり取り返しのつかないことだ。この許されないことを、水俣病と関わる中で、これからもずっと胸に持ちつづけて行こうと思う。

＊

この本は、一般財団法人水俣病センター相思社（以下、相思社）が開設している患者相談窓口と、相思社が併設している水俣病歴史考証館《こうしょうかん》（以下、考証館）、そして私の暮らしの中での、日々の活動から生まれた。

「水俣病」と一口に言っても、その世界は広くて深い。

チッソ株式会社（以下、チッソ）の工場が水俣にできたのは1908年。その工場がメチル水銀を含んだ廃水を海に流し始めたのは1932年。水俣病の症状が見られる人は1941年から確認されていたが、「原因不明の病気が発生している」としていわゆる公式確認がなされたのは1956年で、有機水銀説の発表が1959年。しかし、同年の見舞金契約で患者家族の声は封じられた。メチル水銀を排出してきたアセトアルデヒド製造工程が止まり、国が水俣病を公害と認定したのが1968年。その翌年に提訴された水俣病第一次訴訟の判決が1973年。そして相思社の設立が1974年だ。

ここまでの歴史のどこにも存在しなかった私は、水俣病を通じて多くの人々と出会い、その言葉に揺れ動いてきた。その揺らぎを日記として綴《つづ》ってきた。この本に収録された文章の大半は、そうやって書かれたものだ。この本は聞き書きの資料集でも、水俣病事件の正史でもない。

しかし、こういう形でしか伝えられない水俣病の現実があると感じている。この揺らぎと、日常の中に変わらず続いている水俣病が、すべての「当事者」に伝わることを願って綴ったのがこの本だ。

本書の第1章と3章、そして5章と6章は、患者相談業務を記したもので、これまでに相思社の機関紙『ごんずい』などに掲載した文章や自身の日記に加筆・修正した。

第2章では、私が学んだ水俣病の歴史と相談業務の内容をかいつまんで説明する。

第4章は、最高裁で勝訴判決を生み出した溝口秋生さんの闘いと、尊敬する方々の声と〝生《せい》〟を私なりに日記に綴った文章から成り立っている。

水俣病は決して教科書に書かれた歴史ではない。ひとりひとりの患者のなかに、そして水俣病を知った私たちに、それぞれの水俣病がある。

いまを生きる私たちひとりひとりの日常は、近く、あるいは遠く、どこかで水俣病と接していることを伝えたい。

御所浦島
湯の児
不知火海
丸島漁港
チッソ
水俣工場
八幡
水俣川
百間
水俣駅
久木野川
湯出川
湯の鶴
久木野の棚田

天草
獅子島
恋路島
長島
水俣湾埋立地
グリーンスポーツ
みなまた
水俣湾
坪谷
水俣港
湯堂
出月
月浦
茂道
冷水の森
水俣病センター
相思社
矢筈岳

水俣病をめぐる簡単な年譜

1908　日本窒素《ちっそ》肥料（チッソの前身）が水俣に工場を建設

1932　チッソが水銀を触媒《しょくばい》としたアセトアルデヒド工程の稼働開始

1956　チッソ附属病院が原因不明の中枢神経疾患患者を保健所へ届け出【公式確認】

1957　熊本大学研究班の報告を受けた熊本県は食品衛生法適用の判断を厚生省（当時）に求めるも「水俣湾内魚介類のすべてが有毒化した明らかな根拠はなく、適用できない」と回答される

1959　熊本大学研究班が「有機水銀説」を発表

1959　チッソ附属病院が「猫実験」で水俣病の原因を突き止める

1959　チッソは原因を隠蔽し、熊本県知事斡旋のもと水俣病患者家庭互助会と見舞金契約

1961　母親の胎内で水銀曝露《ばくろ》した胎児性患者が死後解剖により認定される
1968　チッソがアセトアルデヒド製造を停止。政府が水俣病を公害認定
1969　水俣病患者家庭互助会のうち29世帯、112人が第一次訴訟を起こす
1971　患者のうち自主交渉派が東京のチッソ本社前で座り込み開始
1973　第一次訴訟の勝訴判決。東京交渉団がチッソとの補償協定書締結
1977　環境庁（当時）が「（昭和）52年判断条件」通知、認定極端に厳しくなる
1995　未認定患者にチッソとの和解を勧告する政府解決策
2004　関西訴訟で最高裁が国と熊本県の拡大責任認め、感覚障害のみの水俣病を認定
2009　水俣病特別措置法成立、翌年から2012年まで救済措置を行う
2013　患者認定棄却取り消しと認定義務付けを求めた溝口訴訟で最高裁勝訴、同じくFさん訴訟でも差し戻し判決

目次

第1章 「私も水保病だと、娘には言わないでください」 27

第2章 なぜ患者相談か 75

第3章 差別してきた人たちもまた患者となる 95

第4章 悶《もだ》え加勢《かせ》する 121

第6章 〝私〟が当事者だ　203

問われて語り始めるとき 234

「あとがき」にかえて

附章 241

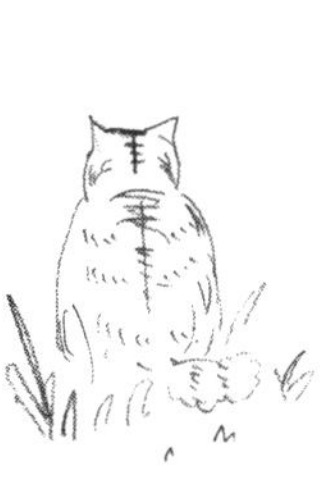

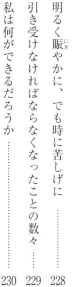

第1章

「私も水俣病だと、娘には言わないでください」

通学路と冷水の神さまの森

「水保病じゃないですか？」と言ってくれれば、どれだけ楽になれていたか

ある女性との電話は30分を超えました。私は1回の電話は最大30分と決めているので、「また話しましょう」と言って電話を切ります。

女性は水俣病患者の妻でした。関東生まれの妻と不知火《しらぬい》海沿岸生まれの夫は、夫婦二人三脚で病《やまい》と闘ってきました。2年前に自身の体の不調は水俣病だという結論に至り、それから自力で相思社《そうししゃ》を探し、幾度か相談のお電話をいただいています。

妻は水俣病事件に対しての怒りを強い口調でぶつけます。怒鳴り声に耳が痛くなります。怒りの奥底にその方が持つ悲しみやどうしようもなさを感じています。

＊

まさかうちの主人が、という思いです。主人はね、もう何十年も、原因不明の病に苦しんできましたよ。結婚して40年以上、私がどんな思いで支えてきたか。

電話の声が聞き取れない。人との電話は全部わたしが仲介をしてきましたよ。そうしないと話の方向が変わってくるから。

ある日突然赤ん坊か老人のように寝た状態になってトイレにも行けない。大きな身体を支えてね。

主人の足の親指にはね、いつも血豆ができています。ぶつけたのが自分で分からないんですよ。それだけじゃない、本人はどれだけ苦しい思いをしているか。40年以上、わたしは夫の代わりに支えてきましたよ。

誰かが「水俣病じゃないですか?」と言ってくれれば、どれだけ楽になれていたか。行政の人たちだって、私たちが何もわからないと思って馬鹿にしてますよ。国民はそんなに馬鹿じゃない。私たちは情報を受けていないだけです。

水俣病は恥ずかしい病気でも、患者のせいでなった病気でもありません。それなのに行政の人たちは、私たちを汚いものを扱うようにして接します。仮病《けびょう》じゃないかと最初から疑われている。そんな風に言われるからもう水俣病の認定申請をやめたい、そう何度思ったか。二次被害、三次被害ですよ。

私がね、主人の病気がわかって思ったのは今の国民の無知さと無関心ですよ。自分の足元に火がつかないと動かない、動けない。みんなと同じように口をたたかないと村八分。

＊

私はどうしたらいいのか。突き刺さるようなこの言葉のひとつひとつを、私のなかに刺したまま綴《つづ》ります。

2015年

お墓のなかまで持って行くはずだった、という話を聞かせてもらう

水俣病のことを聞いていくというのは、その人の人生に踏み込んでいくということです。どんなところで、どんな人たちに囲まれて生まれたか。何を食べて、何を教わって何をして遊んで育ったか。家を離れて、どんなところで暮らして、どんな仕事をしてきたか。その間に着々と進行し、辛くなっていった症状——。

症状を聞く時に有効なのは、昭和何年頃から、という聞き方より、人生のイベントごとを聞いていくことです。

例えば中学校に入学したころは？　とか、就職された頃はどうでしたか？　とか、例えば1人目の子を育てておられる頃は？　とか。

今日の午後一番の相談者は、疲弊《ひへい》した様子で相思社に来られました。初めてお会いする方で、ひとつひとつ、幼い頃からのことを聞いていきます。

謙虚《けんきょ》に、辛抱《しんぼう》強く人生を送ってこられた方のようでした。主張することはなく、聞かれたこ

とに静かに答えていかれました。

聞き取りを終えようとしたとき、突然、こちらから聞いていないことを語り始められました。そのうちに目が潤《うる》み始め、涙が溢《あふ》れました。

「あぁ、ごめんなさい」とか、「これまでこんなこと、誰にも言ったことはありまっせん」とか、「人前で言う話じゃあ、ありませんもね」とか言いながら。

何十年も心に抱えていたものがどっと溢れだしたようでした。きつかっただろうなと思います。ご自分の中の大きなものを、ちゃんと抱《かか》えて生きてこられて、すごいなとも思います。

そして、その方が帰られた今、その涙のもとになった水俣病とは何かを考えています。

個室で一対一で話を聞いていると、すごく年上の人や、一見強そうな人が泣き出されることがあります。お墓のなかまで持って行くはずだった、という話を聞かせてもらうこともあります。

相思社に入った頃は、こういう状況になると、内心で動揺《どうよう》したり、一緒になって泣きそうになって席を外したりしていましたが、近ごろは、「きつかったですね」、とティッシュを差し出し、1度も席を外さずに1時間半。

動揺がなくなったり、冷静に対応するようになることで、大切な何かが無くなっていく気もするけれど、これもまた「継続」するためには必要なことだと思いながら。けれども、この人たちの苦しみは忘れたくありません。

2015年

この人たちが水俣病じゃなくて、誰が水俣病なんだろう

昨日今日と、2日連続で水俣の隣町から相思社を訪れた女性たちのこと。

昨日突然電話があった。「あぁ、良かった。水俣病のこと、聞きたいんです。良かったら今日、行ってもいいでしょうか。2人です」と。

わたしが相思社の外で力いっぱいに人と出会いたいという思いとともに、相思社を離れたくないと葛藤《かっとう》する理由。ここにはいつ電話がかかってくるか、人がやってくるか分からないから。瞬間を逃すと、「わたしは水俣病」とは言わなくなる、言えなくなるかもしれない人たちの存在。「担当者と電話が繋《つな》がったら水俣病のこと相談しよう」、「担当者が居たら申請しよう」と思ったという、出会えた人たちの話。

外出や出張から帰ってくると、不在時に相談の電話があり、職員が「担当から折り返し電話をさせます」と提案すると、断固拒否して名前も電話番号も明かさなかったという報告を聞く。担当がいないことで半ばほっとしながら相談を諦《あきら》める被害者の気持ちを思うと切なくなる。今まで受けた相談者の多くは、この事件に対して、ヒトゴトとジブンゴトとの間に身をおいているると感じる。

話は戻って電話のおふたり。会ってみると、いつか聞いた「かしまし娘」の意味を思い出した。

ふたりして周りを明るくするおしゃべりを繰り広げながら、その被害を語る。

自分のことばかりを話さないのが彼女たち。私のことも、どんどんと聞いてくれる。自己開示大会になりそうだけど、主役はおふたりですと、私も負けずに聞く。

彼女たちはお互いに近所にいるので、相手の症状をよく知っていて、まずは相手の被害から語り出す。

*

Aさん「こん人はね、めまいが本当にひどくてね。私が病院まで連れていくこともあっとよ」

Bさん「もう20歳前からですよ。めまいの時は、なんとも言えん気持ちの悪さですよ。あれは体験したもんでなからんと分からんでしょうね。私のめまいは原因が分からんとです。お医者さんは『更年期《こうねんき》障害でしょう』て言わすけど、私はもう70代ですよ？　こん歳《とし》で更年期てありますか？　他の病院でもCTやら何やらいくつも検査しましたけど、全く原因が分からんとですよ。

こんAさんはね、頭痛でいつもロキソニンが欠かせませんとです。朝昼晩て薬ば飲んで、それでも治らせん」

Aさん「私もいくつも検査受けたってですよ。でも原因が分からんとです。薬を飲んでも、その時少ぉしいいだけで、いっこも治りません。手がじんじんするけん、リウマチかなと思って検査をいくつも受けたけど、それも原因不明。からす曲がり（こむら返り）もひどかしですね。味付けも、もうだめ」

Bさん「私も。いつも味付けが濃いて言われますけど、自分でも味が分かりませんと」

Aさん「私たち、耳鳴りもひどか」

Bさん「そうなんです。ギーっていう耳鳴りがもう20代から延々と続いてます。それがもう、いつかしじゅう（いつも）。夜が一番キツい。耳の後ろに磁気ば貼っとりますけど、それもかぶれるけんあんまり貼れないし。あなたもよね？　Aさん」

Aさん「そう。私の場合は時間を計るけど、20分以上続くもね。何の音やろかって外ば見に行くけど何もない」

Bさん「からす曲がりもね。寝てる時になるけど、足がもう千切《ちぎ》れそうにつるとですよ。もう何ともいえんとです」

＊

話をする方の顔を見ながら聞いていると、途中からもうひとりの方が話し始めるのでそちらとも目をあわせ。記録を取るのも、用紙をそれぞれの方たちの前に準備して、それぞれに語ることを間違えないように急いで書き付ける。そして水銀による被害が出やすい妊娠や出産の話になると……。

Aさん「わたしは流産はそれぞれ妊娠4カ月のときに2回。お医者さんからもう無理でしょうて言われてね。諦めかけたときにようやく子どもを授《さず》かりました。もう、流れた子のことはなんとも言えんですね」

かたわらで「キツかったね」「私もそげんことのあったとよ」と声をかけるBさん。Bさんがここに居てくれて、良かった。

Aさん「もう毎月何万て医療費がかかるでしょう？　旦那も難聴《なんちょう》としびれと震《ふる》えとがありますけど無理して仕事してですね。もう歳やし、辞めたい辞めたいて。でもこの体でどうやって暮らしますか。誰が医療費払ってくれますか。旦那にはもう少し辛抱してもらってと思っとります。私が毎日温泉に行ってるんですよ。もう身体のキツしてキツして、温泉では分かってくれる人がいっぱいいます。そこであなたの名前を聞いて、『話だけでも聞いておいで』って言われて、来ましたよ」

それからも話はつづく。

「もうすぐそこが海でしょう？　母の父が伝馬船《てんません》を持っとってね、よく魚ばとってきましたよ。私も母に連れられて、よーく貝ばをとりにいきましたよ」

「親戚が行商でね、魚が余るとうちに置いて帰りよりました。時々はうちでご飯も食べなさってね」

「朝から晩まで魚、魚、魚。おやつもいりこ。肉なんかない、魚しかなかけんですね」

この人たちが水俣病じゃなくて、誰が水俣病なんだろう。

2015年

［追記　流産・死産・不妊・胎児性水俣病について］
1953年の夏、「水俣で小児マヒが爆発的に増加」ということで、熊本県の蟻田重雄《ありたしげお》衛生部長が桜井知事に報告しています。また、54年から60年まで熊本大学に所属、水俣病研究班の一員として、疫学調査、原因究明などの研究に従事し、後に水俣病第一次訴訟で患者側の証人として証言台に立った喜田村正次《きたむらしょうじ》熊本大学教授は、「水俣湾の周辺地域において、55年以降に出生した乳児の中に、脳性小児マヒの病状を示す異常児が比較的多数いる」とし、55〜58年に汚染地域で出生した188人の中で、6・9％にあたる13人が脳性麻痺を発症していることを指摘しています。また、59年の段階で、毒素が胎盤もしくは母乳を通して胎児に影響を与えている可能性があることを述べています。
また、故原田正純《はらだまさずみ》医師の調査では、水俣病多発地区に住む母親89人の流産や死産の発生率が15・0％であり、他の調査では汚染の最もひどかった時期には30％台を持続、63年には42・9％であったと述べています（原田正純：胎児からのメッセージ　実教出版　1996年）。

水俣病と認められたい。でも認められたくない

朝の9時。水俣病認定申請を希望する患者が、相思社近くに住むいとこに連れられて突然やってきた。なんと関西からアポなし。

「電話じゃ失礼やっけん、顔なっと出さんば」というのは水俣のじいちゃんばあちゃんのアポなしの常識。

しかしその人の理由は違いました。

「永野さん、忙しいからいないかもしれないと思ったけど、来てみました」といとこさん。この方の申請の相談も数年前に受けていています。

「そうですよ、いなかったらどうするんですか?」と冗談交《ま》じりに言うと今度は関西の相談者が、「いなかったら縁《えん》がなかったんやぁ思うて、諦めよう思うとりました」

水俣病と認められたい。でも認められたくない。その人は、そのはざまで揺れていました。

症状を聞いていくと、重い。就職をした15歳の頃に、自分の体がおかしいと気づいた。それまでは家族が、きょうだいが、みな体調不良を抱えていたためそういうものと思い込み、我慢を続けていた。

関西に出て、自分の状態が周囲と違うことに気がついた。1995年、2010年、同じよ

うに水銀の被害を受けていたのであろうきょうだいが申請したが、水俣病患者への偏見から自身は踏み切れなかった。

今回は縁があったということで、認定申請をします。

そうやって、縁のあるなしで申請を決めざるを得ない人たちの気持ちを思うと、やるせない。政府によって企業によって国民によって、水俣病の「解決」は何度も何度も図られてきたけれど、水俣病事件に解決なんかない。被害を押し付けられた人の言葉を聞く度に、私が水俣病を引き起こした気持ちになるけど、それは多分間違ってない。水俣病事件が引き起こしたこの国で生まれ、水俣病を引き起こした時代の延長に私は今生きている。水俣病を知らないでいることは、目をそらすことは簡単だけれど、私たちが病を押し付けた相手のいまを伝えることで、せめて寝た子を起こし続けたい。

2015年

「どこから来たかい？ 水俣からたい」

年に一度、8月15日の出月《でづき》盆踊り大会。

大会2週間前から練習が開始され、教え手も踊り手も、集落の女性たちです。練習の回数は少ないのですが、大会本番より楽しみにしている大切な時間です。集落のばあちゃんが集まって踊りを教えてくれます。盆踊りは昔から村落社会で娯楽と村の結束を固める役割を果たしていたそうです。踊っていると何となくその役割が分かってきます。ばあちゃんたちの踊りの動きはとてもしなやかです。ばあちゃんたちが繋いできたものを繋ぎたいと思って、まねようとするのですが、去年同様ロボットのようにぎこちなくなってしまいます。しかし、踊っているとすっかり楽しくなって自然と笑顔があふれてきます。

その盆踊りの定番、水俣ハイヤ節のなかで、「♪どっこから来ったかい？　水俣からたい♪」というくだりがあります。水俣に帰ってきた頃、踊りながら、水俣に帰ってこられたんだと感じ、また踊り続けてきた人たちを思い、なんだか泣けてきたのを思い出します。

80代の女性と道端で会いました。小さい頃から髪を切ってもらった人。時々「見合いばせんね。おばちゃんがあた（あなた）によか人ば見つけやるけん」と声をかけてくれます。練習では、指先まで使って踊る人で、毎年美しい立ち居振る舞いに見入ってきました。

「今年も踊りの指導をよろしくお願いします」と言うと、「今年はね、おばちゃんは出られんと。おじちゃんがね、病気で大変なのよ。応援しとくけん頑張んなっせ」と返ってきました。「はい！」と答えましたが、おばちゃんと共に踊れていた去年に無性に帰りたくなりました。踊りというのはそれができる環境があって成立するんだと、「いま」という時の尊さを思います。

今年の出月盆踊り大会で嬉しかったのは、同級生と水俣病の話ができたこと。彼女は県外に出て病院で働いていて、お盆休みで帰ってきていました。

「○○ちゃんが行った先の岐阜県って、水俣の人、多くない？」

「そうなんだよね、多いんだよー。何で知っとっと？」

「私ね、いま水俣病の仕事しよっと。患者さんたちの聞き取りで、昔集団就職で1クラス単位で行っとるって聞いたったい」

「そうなんよ、うちの病院にも水俣病の手帳もった人、やっぱり来《こ》らすよ」と話しました。

最近県外の病院で水俣病患者の診断拒否にあったという電話をもらいますが、日本中に広がっていった水俣出身者に、患者支援に協力してもらうことが考えられるかもしれないと、ちょっと希望をもらいました。

2015年

東海検診雑感

東海地方で行った検診会場の待合室は賑《にぎ》やかだった。

Cさんがからす曲がり（こむら返り）や頭痛などの症状を話すと、DさんやEさんが「同じ、同じ」と同意する。今回の検診対象者には、移住当時は溶接を生業とした人が多かった。しかし彼らは20代から30代終わりまでの間にその仕事をやめている。なぜですかと聞くと「手のしびれやふるえがひどくて辞めた」と答えるCさんに、一斉に「同じ、同じ」と声が上がる。

＊

Cさんは、15歳で不知火海の海べたから名古屋へ出て、必死で溶接を覚えたが、手の震えから30代で仕事を辞め、建設会社に再就職した。子ども時代、親は魚の行商をしていたため、売れ残った魚は全て食卓にあがり、どんぶりいっぱい、鍋いっぱいの魚を食べた。結果、10代から頭の中にセミが4匹も5匹も住んでいるような耳鳴りに悩まされ、手のしびれや震えに悩んだ。仕事道具のハンマーがまともに打てず、字を書くことが、どうしても恥ずかしい。故郷を離れてから、ご飯が美味《おい》しいと思ったことはない。食事会での「これは胡椒《こしょう》が効いている」「これはちょっと甘すぎる」といった友人たちの会話に疎外感を覚え、いくつもの病院を転々としても原因不明と言われ続けた。

60年間、病気と付き合ってきたCさんが「わたしらはね、方々に謝って回らんといかんのですよ。行商だった母が、海べたから山間部に向けて、魚を売って回り水俣病をふりまいたと思うと、申し訳なくて申し訳なくて。わたしは、水俣病になることはできんと、そう思っておりました」、「病気は努力で治すと思い頑張ってきました」と言う。

＊

Dさんは、不知火海がひどく汚染されていた時代に水俣で過ごした。一度水俣病の被害者手帳の申請をしたけど棄却通知がきた。「私は水俣病ではないのだ」と納得しようとしたけれど、「水俣病の症状が、全部あるんですよ。やっぱり納得しきれんのですよ」。

「一番きついのはね、足がつること。夜寝入りばな、片方の足がぐーっとつるんですよ。堪《た》えていると次はもう片方。もう眠れんの」、「それから手足のしびれ。足先や手先の感覚がね、鈍い。味付けも自信はありません。夫からは味が濃いと言われてね」。棄却されて、我慢しよう我慢しようと思って8年、「でもね、やっぱり我慢しきれない」。

水俣病の特徴のひとつは、手先足先の感覚障害。Dさんが棄却された当時の熊本県及び鹿児島県の公的検診医のなかには、その感覚障害を調べるために、血が出るまで、またはあざが残るほど、検査用の針で突いた医者たちがいた。そんなことをしたら「痛い!」と言うに決まっている。患者を疑ってかかる検査に、写真を撮って熊本県や鹿児島県に抗議したことを思い出した。東海にも症状を持ちながらも認められなかった方が多くいるということを、この患者さんからお聞きした。

＊

Eさんは以前から「姉貴ふたりはかなり水俣病。私はちょっと水俣病」という表現で自らを表す、ときどき相思社に電話をくれたりメールをくれたりする若い患者である。母が劇症《げきしょう》型の水俣病だった。よく、幼い頃に抱えていた不安を語る。

当日は、2年前に緒方俊一郎《おがたしゅんいちろう》先生の検診を水俣で受けた、お姉さんのFさんも受診。「私の症状、私の病気」を饒舌《じょうぜつ》に語る姉のFさんと、その陰に隠れるように座り、母の話のときにだけ姉と掛け合いをするEさん。緒方先生が丁寧にEさんの体を診ると、中学生の頃からめまいやしびれ、耳鳴りが続いていることが分かった。診察が終わった途端、幼い頃からあった症状を語りだした。

それから、東海に住む別の姉について、「仕事に行く以外は体が辛くて引きこもり、仕事が終わると疲れ切ってぐったりし風呂にも入れない、今日も誘ったけど部屋にこもって出てこなくて、なんとかならんやろうか」とも言われた。

*

Gさんは東海検診の前から「どうにかして、名古屋に来てもらえんかな」と言っていた人。中学を卒業してからしばらく、実家の農業を手伝った。しかし、小さな田んぼで米の収量は少なく、毎日のように水俣湾や不知火海へ魚介類をとりに出かけた。小魚は干しておやつにしていたし、大きな魚も骨まで砕いて食べた。数年後、愛知県へ就職した。

診察が終わり、「緒方先生に診てもらって、もう安心しきったわ」と言った。今、認定申請をしても認定される確率はゼロに等しい。「後天性水俣病の判断条件」が出されたのが、今から41年前だが、これは患者を認定・救済するための条件ではなく、むしろ認定申請を棄却するための条件だった。これによって多くの患者が切り捨てられ、患者たちは「オレたちは認定されて補償されたいから認定申請した。棄却されたくて申請したんじゃない」と口々に言い、運動が激化した。それでも国の「認定をしない」方針は続いた。途中2回の「政府解決策」「政治決着」が行われ、和解した患者も多い。しかし、東海地方で長年支援を続ける一本木さんの話では、Gさんのような東海で潜在患者と呼ばれる人の存在は4桁にのぼるという。

＊

Hさんは、水俣から愛知県に来て発病に気付きながら、長い間話せなかったという。20歳ごろから、耳鳴りや手のしびれなど症状が出たが、偏見や差別を恐れ、周囲に出身地を隠し続けた。２００２年、名古屋市で水俣展が開催されたのを機に、心身とも病に苦しんできた半生を語り始めた。

Hさんは水俣市立袋小学校の出身だった。私も同校出身で、それが分かった途端にふたりで「♪青葉は―光る冷水《ひやすじ》の―、森を後ろにそびえ立つ―母校の庭を見下ろせば、茂道《もどう》の松は濃緑に、袋の入江波静か―」と袋小学校校歌を歌った。この校歌は、年の離れた私の書の恩師・溝口先生とも唯一の共通の歌で、よくドライブをしながら一緒に歌った。なんだか一気に通じ合えた気がした。するとその人は、なんと先生の教え子で私とは兄弟弟子の関係で新たな繋がりが生まれた。

Iさんは、以前の東京検診の参加者。「緒方先生に会いたくて」とお土産をどっさり持ってきてくれた。普段は水俣を隠して生きるこのひとは、時々相思社に電話をくれる。自分が生まれた水俣を愛《いと》おしく思っておられる雰囲気で「最近の水俣はどんなふうですか?」と聞く。「水俣病という名前を聞くと、気持ちが落ち込む」とも言う。

「水俣が、私にまとわりついてくるんです」

水俣が嫌いで、好きで、嫌いで。そんな胸の内を色んな世間話の中に織り込んで話してくれて、なんともすっきりとしない言葉は、それでも重く、切なく伝わってくる。朝から夕方まで待ち合い室に腰掛けて、小さい頃に見た猫の狂死や、村に多くいた障害を持った子どもたちが舗装されていない道を、ぺたんと座ってずって歩く光景を話し、他の患者さんの話には相槌《あいづち》をうった。

検診の途中、携帯にお電話をいただいた愛知県在住のJさんは、「頭が痛い、足がつる、しびれる、全身が痛い、耳鳴りに気が狂いそう。水俣病はもう治らないと思って諦めとるけど、辛くてね、行けないけれど、心の安定がほしくて電話した」とのことだった。

＊

検診の翌日、Gさんから電話があった。

「本当にね、不安で不安で仕方なかったのよ。自分の体がどうなっていくのか。17歳から悩んでいたの。緒方先生に診てもらえて、今までのことぜんぶ分かってもらって、安心したわ。鍼《しん》灸《きゅう》の杉本さんはすごいね、きついところをすぐ当ててくれるのよ。もう、みんな、僕のことを分かってくれた」

名古屋から水俣へ帰る電車の中で、金の卵と同世代の緒方先生が言った「治らない病気を抱えて働くのは大変なことですよ」という言葉を思い出しながら、Gさんの声を聞いた。

2018年

「原爆手帳をもらったのに、水俣病の申請なんて」

今週末は緒方俊一郎先生を相思社にお招きしての、患者の集団検診。遠方から来られる方への電話での聞き取りは表情が見えずに心もとない。

当日は、8人か9人の聞き取りと検診をする。「8人か9人」というのは、まだ受診を迷っている人がいるから。迷っているKさんの話を電話で聞く。

10代の終わりのあの日、原爆が落ちた。命からがら汽車に乗り、生まれ育った不知火海の沿岸にようやくたどり着いたが、被爆していた。生きることに精一杯だった。海で獲れるものはなんでも食べて生きた。しばらくして、今度は水俣病がやってきた。

そんなKさんが子どもさんの被害のことを心配し、子どもさんの申請を願う。

「Kさんも、受診されてください。だって、これだけ症状があって、これだけキツイ思いをしてきたんだから」

「原爆手帳をもらったのに、水俣病の申請なんて、申し訳なくてしきれまっせん。だけども我が子にだけは、安心して生きてもらいたい」

そんな思いで、被爆二世の60代の我が子とやってくる。受診されるか分からなくっても、Kさんの枠は、あけておきたい。

こんなケースは他にもあった。

「森永ヒ素ミルク中毒事件」で被害にあった胎児性水俣病患者。

「淀川大気汚染」でぜんそくを持ち、水俣の母の実家に連れ帰られて水銀被害を受けた小児性水俣病患者。

「新潟水俣病」で「熊本水俣病」の被害者。

「知的障害」「ダウン症」との合併の人たちがいる。

彼らの症状は、行政から水俣病と認められる可能性は低い。

うまいことと自分の状況を伝えられない。うまいことシステムを利用できない。そんな彼らはどこへ向かえばいいのか。

2015年

慰霊は
日々の暮らしの中にある

午前中、関西在住の患者からの電話。水俣病の認定申請を棄却されたことに対して「そんなはずはない」と怒り、「異議申し立てをするという決意を聞いてほしくて電話した」。

「なんでこの俺が水俣病じゃないんだ。こんなことで棄《す》てられて、たまるか」と興奮気味に言う。

幼い頃に両親とともに不知火海周辺に移住した。父は漁師ではなかったが、乾燥したイワシを船で運搬する仕事に就《つ》いた。水俣沖でイワシをとるために火を焚《た》くと、太刀魚《たちうお》がいっぱいくる。その魚を近所の人たちは取っておいて持ってきてくれるし、自分たちでも魚をとったり貝とりをした。魚介類を買ったことなんて一度もない。イワシがあんまりにもとれた時は畑の肥料にしていた。だから畑にも水銀の影響はあるんじゃないか、そんな思いを持っている。

＊

貧しくて、貧しくて、主食は魚だった。海にさえ行けば食べ物はあった。そうやって海に救われて暮らした時代。こんなことになるとは思ってもいなかった。

15歳頃から頭痛やからす曲がり（こむら返り）、腰痛が始まった。そんな中、同じ頃から海で魚がとれなくなったので、都会地（大都会）で仕事を見つけて行ったり来たりした。不知火海での暮らしと都会地での暮らしをかけもちする中で結婚をした。

その頃から、身体のだるさや肩こりを抱えてきた。中年になると頭痛が強くなり、以来ぼーっとして気分が悪いことが続いている。手足のしびれ、感覚の鈍さがあるが、足の裏はバラス(砂利)の上を歩いているような痛みが続く。

めまい、立ちくらみ、ふらつきがあり、真っすぐ歩いたつもりが左右へ揺れる。手のふるえ、物を落とす、手足の脱力感、言葉が出にくい、見える範囲が狭いといった症状が出てきた。音が聞き取りにくくて、早い時期から妻とのコミュニケーションが困難で、ケンカになった。

大きな病院は全部行った。名古屋まで行った。昔炭鉱で働いていた人たちのための検診をしてくれると聞いて、俺の病気も診《み》てくれんやろうかと福岡にも行った。水俣の病院にも3回行った。ある病院からは訴えなさいと言われた。

「でも姉ちゃん、おっちゃんは銭《ぜに》がないのよ」

いとこが水俣病でカネをもらって死んだ。兄は水俣病にかかっているが、家がないので国の施設に入っている。姉は腰が曲がって車いすで水俣病の検診を受けに行って認められた。

今回自分が棄却になって、熊本県の職員に電話をしたけど、東京(環境省)の役人の言葉に押されて何も言えない、と返ってきた。本当に力がない、俺の子どものような歳のやつらやもん。熊本の病気なのに、なんで地元が弱いんだ、そんなことがあるか。

悔しい思いいして、悩んで、やっとここに行き着いた。

延々と続くようにも思える話を聞きながら、ＦＡＸで送ってもらった「棄却処分通知」を読むとなんだか泣けてきそうになって、こんなところで泣いてたまるかと堪《こら》える、そんな波が訪れる時間だった。

これは私の日常だけど、広島原爆の日にこんな話を聞くと、被爆者の話と重なる。水俣も広島も長崎も、何もかもが過去の出来事ではなく、その流れの中に、私たちは身をおいている。

患者の声を聞くたびに、この責任の重さ、罪の所在を思う。

〝慰霊は日々の暮らしの中にある〟——水俣病患者の田上義春《たのうえよしはる》さんの言葉。今日だけではなく、考え続けよう。

彼への棄却処分通知の最後の一文、「例えば糖尿病の影響とも考えられました……」。環境省の皆さん、水俣病の二次被害とは考えられませんか？　嗅覚や味覚が侵《おか》され、糖分塩分の摂取のし過ぎによる糖尿病ってケース、かなりありますよ!!

＊

２０１５年

この人にとっての水俣病の「解決」とは？

今日の水俣病歴史考証館《こうしょうかん》には来客が、相思社には患者相談が大入り。後者は孤独な仕事だが、相思社に隣接する考証館で発信する機会が力になっている。

朝の9時。開館と同時に関東にある高校の生徒が親御さんと卒業論文用の取材にやってきて「水俣病はなぜ解決しないのですか？」と質問を受けた。

そんなこと簡単に聞くなよー（笑）と思いながら「なぜ水俣病が解決していないと思うのですか？」と逆に質問をすると「えぇと……裁判は続いているし、認定申請も多いし……」、なるほど。私の考えを力を入れて話す。

その後福岡の小学校の先生方、時間を置いて別の子連れの先生方……、相思社の事業として請《う》け負《お》っている「教員免許更新講習」のノリが抜けきれず、全力で解説をした。

午後からは患者相談。少し細かく聞き取ったことを、個人情報がまもられる範囲で。

体が悪くひとりでは遠出させられないからと仕事を休んでついてきてくれた子どもさんとふたりで、緊張した様子の男性。不知火海周辺で生まれてこれまでの人生を、語り始めた。

＊

子どもの頃はタンパク源が魚しかなかったから、毎日のように魚が食卓に上がった。集落で魚を食べない家はなかった。毎日3人のめごいないさん（行商）が来ていたが、持ってきた魚を完売して帰っていたことがそれをよく物語っている。

毎日4回魚を食べた。タチウオ、きびなご、アジ、サバ、アミの塩辛、エイ、フカ、ハモ、イワシ、いりこ、タコ、アサリ。ボラは内臓まで食べた。朝からいりこで出汁《だし》をとった味噌汁を吸い、台所のいりこをポケットに入れて、おやつにした。朝めごいないさんから買った魚を昼と夜に鍋いっぱいに煮付けにして、家族が皿に取り分けて食べた。めごいないさんが来ない時は2キロ離れた店の塩漬《づ》けの魚を買った。祖母が、手作りの竹細工を売りにいき、魚や海藻や海苔類と物々交換した。中学を卒業し、都会地へ就職するまでそんな暮らしが続いた。昭和30年代、飼っていた猫が突然狂い死んだショックを今も覚えている。

頭痛、吐き気、体のだるさが小学生の頃から、耳鳴り、しびれ、腰痛が中学生の頃から現在まで続いている。鍼灸は15歳から受け続けているし、医療従事者よりアドバイスを受けて、さまざまな治療法を試してみたが、いずれも効果はなかった。

*

さまざまな症状を聞く中で、「匂《にお》いは分かりますか?」と尋ねると「はい、そこは分かります」と言われる。他の症状を尋ねおえて、事務棟に戻って後輩からタバコを借りた。

ポケットにタバコの箱を隠して戻り、「目を閉じて下さい」と言って、その方の鼻先にタバコを持っていく。

「どんな匂いがしますか?」と聞くと「えっ? いいえ、特に匂いません」という。

「深呼吸してみてください」

「どうですか」

「いえ、特に匂いません」

「目を開けて下さい」

そう言って目を開けてもらった時の、驚いたような、悲しいような顔が、今また頭に浮かぶ。

これではおそらく味覚もおかされ、食事の味付けも自然濃くなっていくだろう。

「これだけいろんな症状を持って、よくここまでやってこられたですね」と言ったらその方は、涙目でこれまでのことを話し始めた。

＊

何度も仕事をやめようとしたが、妻も病弱で子どももいる。退職は経済的に許されず、頑張って頑張って頑張ってやってきたけれど、結局定年までは勤められなかった。

7~8歳の頃から、頭頂部、側頭部、後頭部、目にかけてズキンズキンとした痛みがあり、月に2~3回、痛みがよりひどくなる時があった。

13歳からはさらに痛みがひどくなり、吐き気を伴う激しい頭痛が6~7日続き、夜中も痛みで目を覚まして寝られず、動けず、食べられず、水も飲めず、飲めても吐いてしまった。そうなると毎日の登校が難しくなり、ひどい時には休学したこともあった。その後も頭痛は続いたが先輩の付き添いのもと復学をした。現在も頭痛と吐き気が続き、通院中の病院で水俣病の診断可能な病院に行くように言われ、熊本大学医学部附属病院に電話をしたが、水俣病関係では診断もしないし治療もしないと言われた。

8~9歳頃から、常に全身に力が入らず、体がだるく感じる。また、年に2、3回ほど動けないくらい力が入らないこともあった。小中学校の頃、通学の途中、体がだるくなり、歩いて学校まで行けずに座り込んでいた。複数の病院を受診してきたが、現在は高麗人参《こうらいにんじん》エキスやユンケルドリンク剤、処方された漢方強壮剤《きょうそうざい》を服用するもだるさは抜けず、朝が起きられない。13歳頃から頭痛のひどい時は同時に耳鳴りもあったことを記憶している。42歳頃から、常に、ミーンというセミの鳴き声のような音が大きく聞こえている。テレビの普通の音量よりも耳鳴りの音のほうが大きい。配偶者が玄関から呼んでも気づかなかったり、近所の人から挨拶《あいさつ》されて気付かない。

現在も夜中3時~5時頃、目覚めるほどの耳鳴りがある。もう本当にやめてくれと思い、死に場所を探したいと何度思ったか。町の病院で耳鼻科を受診したら医大を紹介された。しかし断られ、更に別の病院を紹介された。低音で耳鳴りを消してくれるという補聴器をつけているが、いまだ改善しない。

15歳頃から、常に、両手のひじから指先にかけて、また両足ふくらはぎの真ん中から指先にかけて足全体がじんじんする感じで、正座した後の足のしびれのような感じである。温泉に入ってマッサージするも、改善しない。月に3～4回くらい、夜寝ているときに突然しびれがひどくなって目を覚ますことがあり、その時は妻に足を踏んでもらうが、恒常的に続いておりいまだ改善されない。

腰回りに奥のほうからこわばったような痛みがある。きっかけがあったわけではなく自然に痛みが出始め、今もとれない。月に1回くらい神経にさわったようなひどい痛みが出て、ほとんど動けなくなることがある。そのときはトイレにもはって行くような状態で、それが2週間続くため、鍼灸院にいって治療を受けている。

月に2、3回、両足の甲の部分から足先にかけて、足の指が足の裏側に引っ張られるような感じで突っ張って痛む。また、同時にかかとのアキレス腱《けん》周りも突っ張って、痛む。ふくらはぎのあたりが突っ張って痛む、いわゆるこむら返りが続いている。症状が出た時は、1分くらい続くので治まるまで待つようにしている。

*

朝方の高校生の質問が浮かぶ。〝水俣病はなぜ解決しないのですか？〟

2015年

この患者さんにとっての水俣病の「解決」とは?

隠れ隠され続けた人たちの存在

東京から戻ったと思ったら、丸一日で患者相談が7件。
動き続ける水俣病が、今日は特に悲しい。

うち1件が「認定申請したが棄却になった。行政不服をしたい」
うち1件が「症状が重く、買い物にも出られない。認定申請をしたいが診てくれる病院がない。病院を紹介してほしい」
うち1件が「認定申請から半年が経《た》ち再検査を受けたいが、この半年で水俣病を診てくれる遠い病院まで行くことがかなわないくらい、症状が重《おも》なった」
うち1件が「認定申請中だが県庁職員の対応を冷たいと感じ、県職員からの疫学《えきがく》調査の聞き取りが不安」
うち1件が「入院することになって不安」

うち1件が「最近事故にばかりあう。眼科に行ったら視野狭窄《きょうさく》と言われた。水俣病の影響か」うち1件が「叔父がチッソに勤めていたから認定申請できなかったけどもう限界。申請する」

戦争も水俣病も、国策と動員。命を奪われ、暮らしを奪われ、身体を奪われ、心を殺され。隠れ隠され続けた人たちの存在が私にはいま大きい。

2015年

大きな声にはならない人の証言を

ちょっと前に、80代の女性、Lさんとご飯を食べました。Lさんが相思社の60代の職員を、子どもに対するように呼び捨てて説教する姿を初めて見た時は驚きました。なんでも見ていて、時々鋭い物言いで私たちを諭《さと》します。

Lさんは相思社設立のときに、最も頑張った人のひとりでもあります。相思社の土地はもとは農地で、多くの地主がいました。水俣病患者のための施設を作ることがなかなか受け入れられなかった時代。農業委員会に掛け合ったり、地主さんのもとを回って説得しました。

Lさんたちの集落では、大人も子どもも、公式確認の前にも後にも、みんなで魚を多食《たしょく》しました。Lさんの近所や親戚には胎児性患者や劇症型の水俣病患者が多く、他人ごとではなかったからかもしれません。

＊

「そこに魚があっとやもね。海に行けば、あとはなーんも、いらんがな」と笑います。

症状がある。けれど夫からは〝水俣病になる〟ことを反対されました。

「うちん人はね、自分は水俣病患者の世話ばし、掘り起こしはするくせおって、家族の水俣病は知らんぷりやったもね」

発生初期は「劇症型」という、症状の悪化が速く激しい、症状が目に見える人だけが水俣病と思われていて、見た目には目立たずとも日常的に苦しんできたこの女性には注意が向けられなかったせいかもしれません。また、Lさんのお連れ合いがチッソで働いていたことも影響しているかもしれません。

お連れ合いがなくなったあと、私はLさんや子どもたち、親戚からも水俣病の相談を受けました。Lさんにも子どもさんたちにも症状はあり、Lさんは、子どもたちの今後の生活に不安を持っていました。

「あん子には一番魚ば食べさせたもんね」、「あん子が腹ん中におるときに……」という言葉と母の表情は、「海に行けばなーんもいらんがな」と言った時とは対照的です。

そんなLさんが言います。

「もう何十年て昔たい。水俣市で女で初めて市会議員になった、日吉《ひよし》フミコ先生ておらすがな。もう100歳にならしたちな。学校の教頭先生ばしとったとば、患者のために先生ば辞めて議員さんにならした人だもんね。こん相思社ができる時も相当に加勢《かせ》さしたつよ」

日吉フミコさんが議員になったのは1963年のことです。

「私はね、あん人の議会での質問ば、よう聞きに行きよったとよ。ある時たい、あんまりにも患者に対して失礼か、不誠実か、水俣市や議会に対して、日吉先生がこがん言わしたもん。チッソの元工場長やった市長さんに面と向かって、『患者に代わってあなたを呪《のろ》います』ち。そらぁ、言葉は激しかったばってん、当時の患者たちはそぎゃん思いじゃったとよ。そしたら自民党の若手議員から『つまみ出せ！』ち罵声《ばせい》が飛んで、男ん衆《し》が2人して来て日吉先生の両脇ば抱えて外に放り出したもん」

あとで調べてみたら、このことは「懲罰《ちょうばつ》動議」に発展しています。水俣市議会の歴史の中で懲罰動議を受けているのは日吉フミコさんひとりです。1963年から連続4期の議員人生で2度、懲罰動議を受けました。

＊

「それが今じゃどぎゃんかな。日吉先生ば議場からつまみ出した人たちが『私が水俣病患者の救済に尽力しました』ち言うて講演して回らすもん。当時の話はひとつも出さずして、水俣病の教訓がどうの、環境モデル都市がどうのちカッコの良かこつばかり言うて。講演してまわってな。私たちにはごめんなさいの一言もなしじゃがな」

「日吉先生ばつまみ出した人ばみーんなで信じて持ち上げて。あんたもじゃなかっかな。あんたは、私が言うたようなことは、いっちょん知らんでしょうが。もっと人の話ば聞かんばな。ひとりの話だけ聞いて、分かったつもりになっとったってつまらんとばい」

＊

相変わらずのLさん節《ぶし》です。

Lさんは会社側と対立した第一組合所属のチッソマンの妻として、ひっそりと闘ってきました。先頭に立って訴えたり、テレビや新聞に出たり、映画や本などの作品に残っている人ではありません。いつも一歩引いて見つめてきた彼女が、どんな思いで今の水俣を見ているのか。大きな声にはならない人の証言を、日常の中でていねいに聞き取り、綴《つづ》っていきたいと改めて思います。

2015年

「水保病を調べていけばいくほどおそろしくなってね」

今日の相談者、Mさんは還暦《かんれき》を迎えようという方で、遠方に住んでいるので電話での相談でした。

相思社に水保病の相談をされる方には、長年理事をしていただいている緒方俊一郎医師をご紹介しています。緒方医師は水俣から車で2時間の熊本県球磨《くま》郡相良《さがら》村に住んでいて、九州大学医学部の学生時代から水俣病に関わっています。

学生時代に原田正純さんと出会い、それから共に患者宅をまわり検診を行ないました。30代の頃、実家の医院を継ぐために相良村へ帰りましたが、以降も積極的に水俣病患者の検診や診察をしています。

相思社に相談に来られた方の中に緒方先生と出会って医者への不信感が拭《ぬぐ》われたという方が多いのは、時間をかけて話を聞きながらきつく縛《しば》られた心の結び目をほどき、安心の中で診察をされるからだと思います。

「人」に真摯《しんし》に向かい合い、患者を信じることから始める先生です。

Mさんは、5年前にある団体を通して申請をしようとしましたが、「あなたは難しいですね」、「単独ではできません」、「随分と費用がかかりますよ」などと言われ、結局諦めました。兄弟が被害者手帳を取得した2年前には、もう申請の気持ちを失っていました。

＊

Mさん「もう、どんどん身体が悪くなっていくでしょう？　自分がどうなっていくのか分からなくてね。水俣病の症状がどんどん出てきてるのよ」

永野「魚を通じて体内に入り込んだメチル水銀が脳の神経細胞を壊してしまいます。それが影響して、頭痛、めまい、からす曲がり（こむら返り）、耳鳴り、しびれ、手足の感覚がにぶい、細《こま》かい作業ができない、肩こり、腰痛……、多種多様な症状が生み出されます」

Mさん「いま言った症状、全部あるんですよ。特にしびれはひどくてね。5年前よりずっと症状は重くなってるんですよ。あの時には諦めた被害者手帳がないことが、今になって不安で、欲しくて欲しくて。いまは仕事をしているおかげで何とか持っているけれど、水俣病を調べていけばいくほどおそろしくなってね、だって当てはまるんだもん。自分の身体がどうなってしまうのか、なんとか水俣病に認められたいという思いです」

＊

水俣まで来るのは大変だけど、県外には検診を受けられる病院がなかなかありません。

水俣出身の友達がお盆に水俣に帰るから、それについて行って車に乗せてもらって相思社まで来て症状を話し、その日の内に相思社から2時間の緒方医院まで行く計画を練ることになりました。

最近の相談者は、ある種の取り残された感を持っておられる方が多いように思います。「2回目の水俣病最終解決」という矛盾した言葉とともに行われた被害者手帳の支給申請期限（2012年）に間に合わなかった人たちや、間に合ったけれど対象にならなかった人たち。情報がなかった、自分でどうしたらいいか分からなかった。なかには字が読めない、行政の書類が分からないという人もいます。

それでもおひとりおひとり症状を聞いていくと出るわ出るわ。みんなやっとで生きている。

2015年

患者が持つ症状は、その人にしか分からない

今日は3人の患者の方が相談に来られました。そのうちのひとり、40代の女性のNさんが言っていました。

「永野さん、よう夜中にテレビば見っとですけど、時々水俣病の番組が流るっとですよ。なーんで夕方とか人が起きとる時間帯にせんとやろかち。よか番組でしょ？　私はそげん思うとですよ」

「そうですよね。私もそげん思います。でもなんでそんな夜中にテレビば見っとですか？」

「耳鳴りがすっとです。昼間は周りがうるさくて気にならんとですけど、夜はシーンとするでしょう。すると、耳ん奥からキーンって、音がすっとですよ。ひとりで夜にこの音ば聞き続ければもう、頭のおかしくなりますよ。やっけん、テレビばつけっぱなしで寝っとです。それでも眠れん時もあっと。そげん時に水俣病の番組が流れると、勇気づけらるっとです」

＊

患者が持つ症状は、その人にしか分からないものが多いのです。だからこそ、私たち支援者も、医者も、行政も、彼らの苦しみへの想像力を、もっと持つ必要があると思うのです。

２０１５年

＊

私も「証拠、証拠」と、何度彼に言ったか

「医者どんが、県職員がな、問診の時に『ビナとはなんですか』ち聞かすとたい。そがんことも知らんでおって聞き取りちあるか。俺は普段から魚とりに、ビナとりに、海に行った。魚ばやうち（親戚）宅で腹いっぱい食ったったい。母ちゃんは行商《めご》からも買ったったい。その時の領収書ば、手紙ば、証拠に出して下さい、ち言うばってん、そぎゃんとは残っとらん。こげん身体にしておいて、なーんが指定地域外かい腹んたつ。勝手に毒ばまいて、勝手に地域ば指定して」

今日の患者相談の一コマです。「ビナ（小さな巻き貝）も知らんで……」というこの患者と、行政や医者との信頼関係は、今もって生まれていません。

その一言ひとことに共感し一緒になって怒りながら、私も「証拠を」と、何度彼に言ったことか。そんなもの、あるわけないと、もうとうに分かっているのに。行政の土俵の上にいる自分が情けなく、証拠を求めることでその責任を患者に押し付けることになっていることを、相談が終わってから思うのです。

2015年

「貧乏やったけんね、
魚ば腹いっぱい食べて飢えばしのいだ」

今日は80代の女性と晩ご飯を食べました。

女性の住む集落は、水俣病患者の多いところです。でもその捉《とら》え方は人それぞれ。

両親が認定患者でご自身も水俣病の申請をしたけれど、水俣病のニュースが流れるたび、「早く終わらせて」、「裁判をやめさせて」という人。

一方で何度も認定申請をして、何度も棄却され、「自分のことはもういい」と和解した後も闘う他者をひっそりと応援している人。

チッソに長年お世話になったからと、じっと我慢する父の話をするお子さん。

水俣病患者補償や救済に奔走《ほんそう》した夫から、「お前は絶対に申請するな」と言われ泣く泣く諦めた人もいます。闘う人を見つめ、反対されても申請していれば、「何か変わったかもしれない」と今も後悔を口にされます。

今日一緒にご飯を食べた方は何度も認定申請し棄却されています。

いつも亡くなったきょうだいのお話をされますが、お酒が入ったせいか、今日は珍しくご両親、そして祖父母の話をされました。

「親は苦しむだけ苦しんで、きつか身体ば押して裁判ば打って、やっと認められたったいね。

でもね、じいちゃんとばあちゃんは、もう戦前から水俣病に苦しんで。じいちゃんは脳がやられて狂ったようになってヨダレが止まらんでね。いつもばあちゃんがちり紙で拭《ふ》いてやりよった。理由もわからず、誰もなんもしてやれんで死んでいった。そんな人がこの付近にゃ、いっぱいおったよ。どれだけおったかて……」と近所の方たちの名前をあげていかれます。

＊

うちは貧乏やったけんね、魚ば腹いっぱい食べて飢えばしのいだよ。そぎゃん家ばっかりやった。今思えばきょうだいにも食べさせたとが悪かったとよね。あの子は、私が近寄ると喜んで、不自由になった手足ばバタバタやって踊ってね。「姉ちゃん、学校に行きたかー、行きたかー」ち言うばってん、もう骨と皮だけになってね。結局小学校にゃ1日も行けんじゃったよ。おかしくなってから3年じゃった。じいちゃんもばあちゃんも親も、まだ生きとるときにおっちんでね（亡くなって）。私たちは、たぁだオロオロしてばかり。何もしてやれんじゃったったい。

おっちんだ後は土葬よ。こまんか（小さい）体をトタンに乗せてね。ある時ね、出月《でづき》に納骨堂ができてね、そっちに移すために家族で掘り起こしたったい。こまんか骨でね。母はもう、おいおい泣いて離さじゃったよ。母ちゃんがぐらしくて（可哀想で）ね、見とられんじゃった。それからやっと火葬して、納骨堂に入れてやったとよ。

話は尽きません。

＊

2015年

「私も兄弟もみんなが水保病だと、娘には言わないでください」

お母様から紹介があった県外に住む若い相談者（患者）が来られる日の朝のこと。

面談当日まではお母様からの電話相談のみで、ご本人とのやり取りは行なっていなかった。お母様からは、娘さんの症状から人生から面談日の予約まで、何度も連絡をいただいた。

お母様は数年前に水俣病の相談で相思社に来られた。症状や人生をお伺《うかが》いしていた。お母様と娘さんがともに過ごした時間の分を補《おぎな》うために、お母様の相談記録を準備して娘さんを待った。お母様の記録を参考にすれば聞き取りがスムーズだし、もっと深い話もできるから。

ところが、当日の朝のお母様からの電話はこんな感じだった。

お母様「娘がいま実家を出ました。娘は私たち親と彼女の兄弟みんなが水俣病だということを知りません。娘には、言わないでください」

永野　「娘さんはご存知なかったのですね。何と言って水俣病の相談をすすめたのですか？」
お母様「娘から『お母さん、私もしかしたら水俣病かもしれん。どこかで話を聞いてもらえんかしら？』と聞かれました。そこで、相思社というところがあると聞いたことがあるよと教えました」
永野　「どうして娘さんに言わないのですか？」
お母様「ショックを受けますから。娘の体にこれ以上負担をかけたくなかってです」

＊

面談の時間が近づいていたので、ひとまずは了解して電話を切った。お母様の記録は使えなくなった。知らないふりをしてイチから聞き取りをしていくしかない。

そして面談。「とにかく話を聞いてもらえるだけでいいと思ってきました」と言う娘さん。

＊

20数年前に結婚したが、20年前から既に家事が全くできない状態。様々な症状が出現しているが、病院からは原因不明と言われ続け、ずっとおかしいと思ってきた。認めたくなかった「水俣病」が最近は頭にちらついて離れなくなった。地元にいた時は、水俣病患者はとことん馬鹿にされていたし、汚いもののように扱われていた。いまも出身地は言えない。だけど、海の近くの実家では毎日毎日魚ばかり食べていた。近所には水俣病患者も多い。

＊

そんな話の流れから、一応「ご家族で水俣病の方はおられますか?」と聞く。

「いません。だれも、いません」

何度も何度も相談の電話をくれたお母様。こんなに娘さんのことを思っているのに、苦しみのもとである水俣病のことが家族で共有できないことに悲しくなる。

少し経って、お母様に電話をかけた。

＊

永野　「娘さんとお話させていただきました。重い症状をいくつも抱えておられますね。これまでお辛かったでしょうね」
お母様　「そうなんです。あの子の夫は優しくて辛抱《しんぼう》強い人ですよ。そうじゃなかれば、家事もできん、原因不明の病気をいくつも抱えて病院のハシゴのあの子とは、とっくに離《り》縁《えん》しているところですよ。私たちはいつも娘婿《むこ》に言うとです。『ごめんね、これも縁と思って、どうか堪忍《かんにん》してね。娘をよろしくお願いしますよ』って。家族中でそうやって謝って謝って、やっと成り立ってるような家です。親兄弟のなかでも、あの子が一番病気に苦しんでいる、可哀想にと、相思社に相談して以来、ずっと思っていますよ」

永野「そのことを、娘さんとお話してみたらどうでしょうか」

お母様「言えません。お互いが水保病だなんて知ったら惨《みじ》めになるだけですもん、あの子も私も。水保病は惨めか病気ですもん」

＊

ひとまずその話はやめて、お母様自身の症状もひとしきりお伺《うかが》いした。数年前よりも、また症状が重くなっている。お母さんもまたひとりで苦しんでいた。娘さんはひとりで苦しんでおられます。お母さんがご自身の水保病のことを打ち明けることで、娘さんは私だけではないと思うことができるかもしれない、するときっと気持ちが和らぎますよと伝えた。

＊

お母様「そうですね。話せたら、良かですよね。こんなことなら、この前帰ってきた時に、せっかく会ったんだから、話ばすれば良かったですね」

永野「もしお母様が、それがいいと思われるなら、今からでも、電話でも遅くはないですよ。症状の話や水保病の話ができたら、お互いに、楽になるかもしれません」

「いまから切り出して、みますよ。ありがとうね」と言って、お母様は電話を切った。

＊

一番話したいことは一番話せないこと、という言葉が頭を巡《めぐ》る。話すことが本当に良いことなのか。もしかしたら、余計に落ち込ませるかもしれない。

いつも迷いながらいるが、でも少なくとも、患者本人が、自分が周囲から嫌われる存在ではないと思うことは大切だと思う。

患者の方たちがイキイキと生きられる地域の実現には、患者自身の力も必要だと思う。水俣病は惨めな病気ではない。

２０１５年

第2章

なぜ患者相談か

「よそ者」への偏見

私たちが日々の患者相談業務を行っている水俣病センター相思社《そうししゃ》からは、水俣病が発生した不知火海《しらぬい》を望むことができます。不知火海は、九州本島と、たくさんの島々に囲まれた波穏やかで小さな海です。海底から湧《わ》く「ゆうひら」と呼ばれる真水は、海に栄養を与えてきました。入江には山が迫り、海に影を作ります。そこは魚の産卵場所や棲《す》みかとなり、「いお(魚)湧《わ》く海」と呼ばれました。

明治時代のはじめ、豊かな漁場を求めて、対岸の島々から人びとが移り住みました。田畑を持たずとも、獲れたての魚を主食として暮らしました。

平地が少なく山深い水俣の産業は、漁業よりも林業と農業、塩作りが中心でした。木材は燃料としてだけでなく、福岡県の三池や長崎県の端島《はしま》などの炭鉱では坑内を支える坑木《こうぼく》としても重宝されました。山間部の棚田《たなだ》では米を育て、畑では麦や野菜を育てました。明治の終わりには国の専売になった塩作りも、当時は水俣の経済を支えていました。そんなふうに、太陽とともに暮らす山やまちの人たちにとって、月や潮の満ち引きとともに暮らす移住者＝漁民は、偏見の対象だったといいます。

塩作りが国の専売になったのと、隣町に滝を利用した水力発電所ができたのは、ちょうど同じ頃でした。チッソ創業者でもある野口遵《のぐちしたがう》が設立した曽木《そぎ》発電所は金鉱山に電気を送っていましたが、電気は半分以上余りました。電気を消費する工場を作ろうという計画が持ち上がったとき、水俣の有力者は、他の地域よりも良い条件を整えて、工場を誘致したのです。

こうして、明治の終わり、水俣に肥料をつくる工場が生まれました。それが、日本を支える化学工場となるまでに長い時間はかかりませんでした。

水俣病の発生

大正時代に入ると、チッソは不知火海を汚染するようになりました。魚が減ってしまったことに怒った漁民たちは、チッソに抗議をしますが、そのたびに、低額の補償で済まされてしまいます。そして、昭和天皇がチッソ水俣工場を視察した翌年、１９３２年から36年間に渡って、チッソはメチル水銀を含む廃水を無処理のまま海に放流しました。

海は汚染され、犬や猫、鳥や家畜は狂躁《きょうそう》状態になり死んでいきました。水俣湾を含む不知火海の魚を食べた人間も、メチル水銀によって中枢神経を侵《おか》されました。有機水銀中毒です。その被害は戦前から始まり、激しい症状で短期間で亡くなる人たちや、流産や死産に見舞われる母親たちが相次ぎました。胎内で母の毒を吸い取った赤ん坊は障害をもって生まれました。全裸になって奇声をあげながら村の中を走る夫を追いかけ羽交《はが》い締《じ》めにする若い女性、昼夜関係なくさまよっている内に列車に轢《ひ》かれ死んでしまった中年男性、幼い子を抱えながら精神を病んだ母はある日神社の境内の木で首をつって死にました。

小さな集落の中で多くの人たちが「原因の分からない突然の病《やまい》」に苦しんでいましたが、それが公式に明らかになったのは、１９５６年、幼いふたりの姉妹の病がチッソ附属病院から保健所に届け出られたことがきっかけでした。対岸から移り住んだ「よそ者」や「まちの人と違う暮らしをする人たち」への偏見が、水俣病発見の遅れに手を貸したのだと、私は考えています。

原因不明の中枢神経疾患は、当初伝染性の「奇病」とおそれられました。地元の熊本大学は、「水俣病の原因は、チッソの有機水銀である」という見解を早期に発表しましたが、チッソや政府は日本化学工業協会や東京工業大学などから、より権威ある学者を動員して、それに反論します。原因究明は混乱させられ、患者とその家族の補償を求める運動は、チッソの存在を脅《おびや》かすと捉《とら》えられました。

加害者にされた漁民たち

海の汚染から魚が減り、漁民たちは全く漁ができなくなるなか、１９５９年、チッソ附属病院は猫実験により、その原因を突き止めました。しかし、その事実は隠蔽されてしまいます。失業したり、船を売ってしまったりする人が続出し、漁民たちは「排水停止」を求める要求を行いますが、チッソには相手にされません。デモをし、チッソ正門から工場へと突入しました。「不知火海漁民暴動」です。漁民たちは警察ともみ合いになりました。55人の逮捕者は全員に有罪判決が下されました。

同時期に患者とその家族の補償を求めた運動もまた、チッソの存在を脅かすものと捉えられました。チッソはその原因を知りながら、「原因が分かった場合においても新たな補償金の要求は行わないものとする」と約束させる見舞金契約を患者と結びます。

こうして水俣はものを言えずなにか後ろめたい、重苦しい感覚に、長い間とらわれてきました。抑圧を受けた患者たちは、身を隠すような生活を強いられました。このことは、チッソや政府にとっては好都合でした。

１９６７年、日本の公害史の中で初めて、新潟水俣病の裁判が提訴されました。翌年、原告団が水俣の患者たちに会うため来水しました。それを受けて、市民の中から患者を支えようと「水俣病対策市民会議」が発足、患者とともに出迎えます。また、チッソの第一組合はその前の労働争議でチッソからの自立を目指し、「闘いとは何かを身体で知った私たちが、今まで水俣病と闘いえなかったことは、正に人間として、労働者として恥ずかしいことであり、心から反省しなければならない。会社の労働者に対する仕打ちは、水俣病に対する仕打ちそのものであり、水俣病に対する闘いは同時に私たちの闘いなのである」と「恥《はじ》宣言」をしました。このことは患者たちを大いに励ましました。

新潟水俣病裁判提訴をきっかけに、国が熊本・新潟両県の水俣病の原因を認め、患者たちはチッソと補償交渉を再開します（公式確認から12年も経っていました！）。

しかし交渉は決裂、厚生省(当時)が仲立ちしたあっせん案に同意する患者(一任派)と、受け入れず裁判提訴をする患者(訴訟派)とに分裂しました。裁判を始めた患者たちを支えたのは、水俣の市民とチッソ労働者、そして患者の闘いに賛同した全国の支援者でした。その後、新たに認定された患者たちは、社長との直接交渉を求めてチッソ東京本社前に1年9カ月、座り込み、やむにやまれぬその行動は多くの人たちの胸を打ちました。水俣病のはじめての裁判は、完全勝訴の判決を得ました。判決後、訴訟派と自主交渉派の患者たちは、ともにチッソの社長と直接交渉を始め、「補償協定書」を勝ち取りました。

苦渋の決断を迫られた人たち

それでも水俣病事件は解決しませんでした。そして数年後、国は「水俣病患者」として認める基準をとても厳しくしてしまいました。これでは誰も認められません。患者たちは裁判や座り込みなどの運動を展開していきます。

20年近いときが流れました。闘いを続けてきた患者たちのなかには、死んでいく人たちや、年をとって、もう闘うことができなくなる人たちが出てきました。1995年、国は、闘いを続けた患者団体に、「不知火海周辺地域に住んだことがあり、当時魚を多食《たしょく》し、水俣病特有の症状(手先足先の感覚低下など)がある人たちの中で自ら手を挙げた人を対象に、今後『わたしは水俣病だ』とは言わない、裁判をしない」ことを条件として、低額の補償金と医療費無料の手帳を支給することで、チッソとの和解を勧告します。

わずかの補償金と医療が無料になる手帳によって声を上げない契約をかわす、という施策によって、水俣病事件は終わったという空気が、水俣を覆《おお》いました。

「俺は水俣病患者だ」=「俺は人間だ」と主張して闘ってきた人たちや、死んだ人たちの無念を知る遺族にとって、それは苦渋の選択だったと感じます。このときに政府解決策に応じた1万2000人の人たちの中には、いまもこの決断に対して複雑な感情を抱いている人も少なくありません。また、この解決策は、その後も地域に深い溝を残しました。

急増した認定申請者

一方で、政府解決策に応じなかった人たちがいます。不知火海周辺地域から関西に移り住んだ患者たちです。彼らは和解勧告後も20年にわたる裁判を闘い、2004年に最高裁勝訴判決を得ます。これで、いったん「終わった」とされた「水俣病事件」の流れが大きく変わりました。1995年の政府解決策で対象とならなかった人や、当時申請をしなかった数千の人たちが、水俣病の認定申請を始めたのです。行政は混乱します。翌2005年初頭から認定申請をしたいという声が広がり、相思社への相談も相次ぎました。当時の職員が驚いたのは、重症の人が多いことでした。手がたえず震《ふる》えている人が多数いたのです。

「こんなに症状があるのに1995年になぜ申請しなかったのですか」と尋ねると、「あの当時は真珠養殖に勤めておったもんな。手帳をもっとるもんは雇わんということやったから、仕事の方が大事と思うたから申請せんじゃった」「子どもの就職や結婚に響くと思って」「今は真珠会社もつぶれてしもうて、医者代にも事欠くようになったもんなあ」という声があがりました。

職員は、医師の原田正純《はらだまさずみ》さんに「認定申請をしたいので検診してもらいたい人が100人以上います」と相談をし、医者を集めて日にちを決めて相思社で集団検診をする事になったのです。環境省も認定制度を守ることを目的にしながら、新たな制度づくりを迫られました。被害者団体の多くは、認定基準の見直し、新たに名乗り出た被害者の救済を求めました。

環境省は「多くの患者団体の要望は医療費の全額補償」だとして新保健手帳の制度を作ります。条件は95年の政府解決策と同じでした。この制度の対象者は「95年和解から漏れ落ちた人でせいぜい2000から4000人」と考えられていましたが、蓋《ふた》を開けてみると「95年当時には症状がなかった人」とか、「95年当時は20代だった人」が申請をし始めたのです。受付が終了する2012年までに、申請者の総数は6万5000人を超えました。

新保健手帳の受給者は、95年の政府解決策以降に名乗り出た人たちと比べ、年齢的にも、地域的にも新たな被害者層になっていました。

その後、国は、国やチッソを相手に裁判を提訴していた患者たちに対して、和解をすすめます。一方のチッソは、和解や患者救済の条件として、補償の原資を集めるためとして、持ち株会社（チッソ）と事業をする会社（ジャパン・ニュー・チッソ＝JNC）を分ける「分社化」の認可を国に求めました。

それらを受けて、２００９年7月に原因企業の分社化と患者の救済、被害地の再建等を内容とする「水俣病被害者の救済及び水俣病問題の解決に関する特別措置法（以下特措法）」が制定されました。

特措法はチッソに有利なものであり、患者や市民のなかからは、「チッソ救済の法律」との批判や、チッソが責任から逃れる可能性が高い分社化に反対する声があがりましたが、結局は、分社化はなされました。２度目の最終解決という矛盾した言葉が生まれたのがこのときです。10年5月から始まった特措法による水俣病被害者手帳申請❖1は、この新保健手帳所持者も包括するものでした。そうしたなかでも相思社での患者相談は業務としていまも継続しており、05年からの14年間に６０００人以上の相談者を受け入れました。

認定患者の家族も、水俣病を差別してきた人も「自己申請しない限り救済されない」制度の中で、「水俣病患者」になることを決めた人たちです。相思社に入ってからの10年は私にとって、患者の人生や思い、健康障害に具体的に触れる貴重な時間でした。被害者手帳申請受付が締め切られ、だんだんと相談者はいなくなると思っていましたが、いまも現れているのが現状です。

日常の相談業務

相談の内容は様々で、水俣病に関するものもあれば、話し相手がほしいという人、生活の変化を報告する人もおられます。

身体的な相談には、症状の緩和方法、水俣病は治るか、どこの病院がいいか、手のしびれのために手術を受けようと思うが水俣病に効果はあるか、このさき歳をとって水俣病がもっと悪化するかと思うと不安、がんが見つかった、症状を緩和するために食べたほうが良い食材はあるか――さまざまです。

長年「原因不明」の症状で苦しんできた相談者。自らの水俣病を認めることが難しい場合も多いのですが、一旦原因が明らかになると「不明」の不安から解放されます。しかし次には「治らない」という烙印《らくいん》を押されたように感じる方もおられます。そして、水俣病の治療法を聞きに来られる方が多いのです。

相思社で以前に行われていた「たけのこ塾」❖2からヒントを得て、鍼灸《しんきゅう》や漢方薬をおすすめする。ほかにリハビリのため軽い運動や散歩をおすすめする、めまいに効くツボを伝える、など行なっていますが、勉強不足で満足に質問に応えきれていない現状が歯がゆいです。専門的な照会があった時は水俣病に理解のある緒方医院や秋津レークタウンクリニックや協立病院、関西の場合は阪南中央病院を紹介させてもらっています。

広がるケアの内容

精神的な相談には、水俣出身を理由に受けてきた謂《いわ》れ無き差別、患者家族であることを理由に隣人から受けた理不尽な暴行、嫁《とつ》ぎ先の義母に水俣病申請がバレてなじられた、息子が仕事ができず引きこもり心配で不安、妻の目が見えなくなり自分の負担が増えた、などがあり、差別を回想し泣きだす方もおられます。

熊本県や水俣市の取り組みでは、ここ数年の水俣の小中学生に対する水俣病差別発言を受け「水俣出身を誇りに思える子どもを育てる」ことが言われていますが、それは水俣病を抱えて生きてきた大人も同じことだと思います。患者のこれまでの人生に対しての共感を示しながら、その人自身が水俣病に対する理解を深め、自分を取り戻していくことが重要だと考えます。それは水俣で生まれたことを恥ずかしいと感じてきた私自身にも言えることです。

水俣病患者に対する差別や偏見がなくなるための取り組みをしたい、水俣病患者が安心して生き生きと暮らせる社会を作りたいと考えると、相思社が事業として行っている水俣の「まち案内」に参加してくださる方たちへの「水俣病を伝える活動」にもより力が入ります。

水俣病申請手続きの相談もあります。認定申請がしたい、認定患者家族であるにも関わらず特措法被害者手帳の対象にならなかったことが不満、手帳を紛失した、申請したが対象年齢に満たないため非該当とされた、息子に水俣病症状があるが申請できるか?——など。

また、特措法での被害者手帳申請を希望したけれど、２０１２年に受付終了しており諦《あきら》めたという方もおられます。その方は、初期の患者が激発した地域出身で親御さんも認定患者。県外在住のご本人も症状をお持ちでしたが、情報を得られなかった。こういった人たちからの相談が今になって現れています。水俣病の可能性がある人と思われる方たちには、学校の卒業名簿からでも自治会名簿からでもその人の居所を突き止めて、事実を伝え情報提供をすることが必要だったと思います。そして、こういった存在の人がいる以上は、恒久的な窓口が必要です。

　また、水俣病に40年以上関わる医師で相思社の理事、緒方俊一郎《おがたしゅんいちろう》先生と話している中で、特措法の被害者手帳申請の際、居住条件を満たしているにも関わらず対象にならなかった方たちが受けた「公的検診」の多くが、ずさんであったことが分かってきました。対象外となった患者は緒方先生のところで再検診を受けますが、公的検診では医師に爪楊枝《つまようじ》で突かれ「感じるだろう」と聞かれ「分からない」と答えたら「これでも？　これでも？」と執拗に突かれる、自宅に帰ってから下肢《かし》が赤く腫《は》れ上がり、足指が黒くなり膿《うみ》が出たという方もおられます。医療の基本である患者と医師との信頼関係は、この検診のどこにあるのでしょうか。

　もう一つ、行政は２０１０年に、被害者手帳申請窓口を開設する際に、対象年齢に満たない方❖3や対象地域外❖4に住んでいる方の救済の幅を広げると言い、多くの方の申請を呼びかけました。複数の患者団体の努力により、今まで対象外だった人たちの中に水俣病特有の症状のあることが分かってきました。実際に対象地域外では、被害者手帳の取得を認められた方もいます。しかし対象年齢に満たない若い患者は、蓋を開けてみるとその条件となったへその緒の水銀値が１ＰＰＭ（汚染が最も濃厚だった１９５６年ごろの胎児性水俣病患者の臍帯《さいたい》水銀値と同レベル）と極端に高く設定されており、相思社で相談を受けたすべてのケースが対象外とされました。掘り起こされた若い患者たちは、放置されたままです。

「もやい直し」とは?

私はある年、2カ月の間に2人の患者の死を経験しました。1人は初期の認定患者、もう1人は亡くなる半年前に水俣病を名乗りでた未認定患者でした。2人の自宅や病院へは、同時期に毎日のように通いました。

認定患者の方は1969年提訴の第一次訴訟を闘った方で、私はその30数年後、ランク変更申請❖5のためにお宅へ通うようになりました。認定当時と比べて著しい身体機能低下と体調悪化。民間のお医者さんも、「ランク変更に値する」との診断を下しましたが、変更は認められませんでした。その後も交渉を続けたましたが認められないまま亡くなりました。亡くなる半年ほど前から感情がたかぶるようになり、自身の怒りを私にぶつけるようになりました。中でも被害者手帳の申請をはじめた近所の未認定患者に対する怒りは特別でした。

「裁判ば闘っとる時は良かった。支援の若いもんもいっぱいおって、俺も闘うぞという気持ちば持ってやりよった。ところが、裁判の終わって家に帰ったら、近くん衆《し》からいじめられるもいじめられる。俺だけじゃなか、子どももぞ。助けてくれる者の無か。孤独、惨めなもんたい」

そして話は現在に。

「俺たちばいじめた衆が、今度は俺たちば利用して水俣病になりよるがな。水俣病になるための書類（申請書類）に『漁師の○○さんに魚をもらった』『漁師の○○さんの手伝いをした』ち、俺や父ちゃんの名前ば書いて。そうして、やすやすと水俣病に認められよる。俺たちの受けた苦しみは何やったつや」

水俣病になることを否応なく引き受け、凄まじい差別の中を生きてきた彼の言葉を聞くたびに、胸が詰まり、逃げ出したくなりました。

生前に聞いた原田正純さんの言葉は、そんな初期の患者の思いを代弁していたように思います。「僕はもやい直し❖6に反対してるんじゃないんだ。だけど、加害者と被害者といた時、殴った方が反省して『反省をしている』、殴られた方が『あなたたちがそがん反省しとるなら、仲直りしましょう』って、手を出すならわかる。でもね、殴った方が『もう時間が経《た》ったけん、水に流そう』って言ったって、それは、もやい直しにならないんだ。本当のもやい直しっていうのは、被害者が手を差し伸べるような条件を作ることでしょ。それが本当のもやい直しですよ」

その方が最期《さいご》までランク変更にこだわったのは、そういった状況に対する、抵抗か問題提起だったのかもしれないと、今になってそう思います。

未認定患者のいま

一方で私は、相思社に戻ると「未認定患者」の方たちの証言を聞き取り、魚介類摂取等申し立て書に「○○さんに魚をもらった」「漁師の○○さんの手伝いをした」と書き込んでいました。

そんな中で出会ったもうひとりの未認定患者の方は、独り身で高齢、相思社を訪ねて来られた時には癌《がん》の末期でした。生活環境と重い病状を知り、病院へ通い、治療方針の要望や死後の様々な手続き、検体や葬儀のことなどを話し合いました。入院中、行商ルートで幼い頃より不知火海の魚を多食したことや、長年、頭痛、耳鳴り、めまい、味がわからない、手足のしびれ、感覚がない、からす曲がり（こむら返り）などの水俣病特有の症状を有しているにもかかわらず、医師からは原因不明と言われ続けたことを聞きました。症状で体が動かない時もあったけど、働かないと生活ができず、何とかごまかしながら暮らしてきたそうです。原因がわからないことほど不安なことはない。相談業務の中で、幾度となく聞くお話でした。でもこの方のように、日常のなかで毎日のように聞いたのは、初めての経験でした。水俣出身ということで受けた差別の経験が、最後まで自分を水俣病から遠ざけていたと。

このおふたりの水俣病患者は「認定・未認定」という社会のシステムによっての区別はありますが、同じ不知火海周辺に暮らし魚を食べ、同じ症状がありました。認定患者の怨《うら》みに接し、一方で未認定患者と出会い、私は一体誰の立場に立てばいいのか、誰と共に生きればいいのか、そして相思社は誰のためにあるのかを考える日々でした。

時間が経った今も悩みは解決していませんが、この複雑さが、この矛盾こそが水俣病事件そのものだと思うようになりました。制度や偏見が生み出したものの大きさを感じます。

水俣病の終わりとは

水俣病は、ちょっとやそっとじゃ終わらない。こんな状態で終わるわけがない。それならば、少なくとも「何をもって終わりとするのか」、その理想や到達点を考え、示し、常にそこへ向かって歩いていくことが大切だと思うようになりました。私の考える水俣病の終わりは、患者が自分の生活を取り戻し、自分らしく生き生きと暮らせること。ここに生きて幸せだったと思えること。

死に際に、その心情を語ってくれた方たちの水俣病は「終わった」のか。私が日々の中で出会う方の水俣病は、いつ終わりになるのか。

相思社は、もともと、「水俣病患者」という社会的少数者や弱者の拠《よ》り所《どころ》として作られた。生きづらさを抱える人たちが本当の意味で幸せに生きることができる「もう一つのこの世」を、ここでなら実現できると信じています。

一方で、こうして相談をいただいても、私には病気を治すことも、すぐに差別を無くすこともできない。自分の無力さに、泣きたくなることがあります。

そんな話を作家の石牟礼道子《いしむれみちこ》さんにしたところ、「悶《もだ》え加勢《かせ》しているのですね。昔は悶え加《か》勢《せ》するということが、水俣ではよく有りよりました」とおっしゃる。

「人が悶え苦しみよらすとき、あたふたとその人の前を行ったり来たり、一緒になって悶えるだけで、その人はすこし楽になる」

その言葉を聞いて、なんだか楽になりました。何かができるようになることはもちろん大切だし、一刻も早くそうなりたいけど、それまでは患者相談を続けることで「悶え加勢《かせ》する」相思社でいたいと思う。

❖1 **被害者手帳**＝「国の基準に満たない水俣病の未認定患者」に支給される手帳。1953年から68年までの1年間以上不知火海周辺地域に住み、不知火海の魚介類を多食し水俣病特有の症状（四肢末端の感覚障害など）がある人が対象となる。「あたう限り（可能な限り）」の救済を掲げ、最終解決を目指した。

❖2 **たけのこ塾**＝1977年に、医師の原田正純氏、緒方俊一郎氏、鍼灸師の近澤《ちかざわ》一充《かずみつ》氏、患者の田上義春《たのうえよしはる》氏、濱元二徳《はまもとつぎのり》氏、杉本栄子《すぎもとえいこ》氏、チッソの山下善寛《やましたよしひろ》（ぜんかん）氏らが中心となって開講。患者自らが自身の体を知り、管理し、薬草や漢方、鍼灸など自然療法での症状の緩和方法を模索した。医師だけでなく患者やチッソ工員らも講師にもなった。

❖3 **対象年齢に満たない被害者**＝被害者手帳の場合は、1969年12月1日以降生まれの被害者。68年にチッソがアセトアルデヒドの製造を停止し、有機水銀排出を止めたことに由来する。

❖4 **対象地域外**＝不知火海周辺地域であっても対象にならない地域。天草《あまくさ》市や八代《やつしろ》市、人吉《ひとよし》市など。

しかし、魚の行商ルートになっているため、矛盾が発生する（天草市の中でも御所浦《ごしょうら》、龍ヶ岳《りゅうがたけ》町大戸《おおと》、八代市二見洲口《ふたみすぐち》などの、一部は対象）。

❖5 **ランク変更**＝水俣病認定患者については、症状をA、B、Cの3ランクに分けることになっており、患者からの申請に基づき、BランクとCランクの認定患者については、症状悪化などにより上位ランクへの変更が必要な変化が生じた際、熊本県に設けられた水俣病患者補償ランク付け委員会に申請ができる。しかし、ランク変更の基準や、判定の過程は明らかにされていない。

❖6 **もやい直し**＝もやいとは、台風の時に舟と舟をつなぎとめる綱。芦北《あしきた》町女島《めしま》の漁師・緒方正人さんは、水俣病を引き起こした人間が自然界を破壊していった罪を認め謝罪し、自然界との関係を改めて取り戻していくことを「もやい直し」と説いた。1994年、水俣病犠牲者慰霊式の場で吉井正澄《よしいまさずみ》市長による患者への謝罪の席で「もやい直し」が用いられたことで、「対立から対話へ」の合言葉とともに使われることが多い。行政、患者、それぞれの立場によって別の意味をもつ場合がある。

第3章

差別してきた人たちもまた患者となる

「誰も危険だと教えなかった」

今日の午前中に来訪の患者のおひとりは50代。症状を抱《かか》え、毎日自宅で耐えている。自分の体のことを語りながら、水俣病と重ねあわせるうち感情が涙となって溢《あふれ》れだした。これまでの人生を語るには足りない時間だろうが2時間、話を聞いた。

＊

幼い頃、不知火《しらぬい》海の海べたで育ち、毎日のようにマテ貝やカキを見ては、友達と「遊びがてら貝とりにいこう」と言って足を運んだ。

海と私は切り離せない暮らしをしていた。父の友人から魚をもらったり、行商から魚を買った。1日に中皿にして2〜3皿の魚介類を食べた。父は魚が大好きで毎日が刺し身だった。出汁《だし》にこだわる母で、朝からは焼海老やいりこやカツオ節を入れた味噌汁を食べたし、夕飯には毎日魚が出ていた。離乳食から何も疑わないで魚を食べさせられ、また自分もそれが当たり前だと思っていた。海の風景を思い浮かべてあの味を思い出し、あの時食べなければこんなに苦しまなかったと思うと涙が止まらない。誰も危険だと教えなかった。

若い頃は東京で働いた。でも差別が怖くて生まれ育った場所のことは隠した。いまだって言えない。

小さい頃から、よく足がつっていたが、それ以外は健康児。中学生頃から手や足のしびれと痛み、肩こり腰痛、体のだるさ、疲れやすさなどが出現。

30歳頃から天井と畳がぐるぐる回るようなひどいめまい、ふらつき、頭痛が出現。

40歳頃からつまずき、転びやすい、手足のふるえ、匂いが分からない、音が聞き取りにくい、茶碗や鍵を落とす、ボタンがかけられない、ロレツがまわらない、言葉が出にくい、手足の感覚がにぶいという症状が出現。

一番辛《つら》いのはしびれと痛み。尾《び》てい骨《こつ》から足先までしびれとものすごい痛みで起きられない。あらゆる検査をし、あらゆる注射をし、末梢《まっしょう》神経にも針をさした。しかし原因は不明。薬を飲んでも治らないので日常は我慢し、定期的に注射を打っている。

自殺を考えるほど辛い。家事もできず、風呂にも自分では入れず、毎日夫に入れてもらう。

現在4つの病院にかかり、生活費のなかで医療費が占める割合は高い。頭痛などは病院で処方されるものでは効かないので、市販の強い薬を購入している。

＊

私は水俣病の歴史を説明する。現在やってくる人たちは皆、患者でありながらその歴史を知らない。そしてこういった症状がなぜ生まれるのか、水銀が体に与える影響とその緩和の方法を説明する。

別れ際、「いつも私たちはここにいますから、いつでもお電話ください。いつでも来てください」と言うとまた泣き出され、こんなに洗いざらい聞いてもらったのは初めてだとおっしゃる。だからと言って彼女の病気が治るわけではない。話を聞くというのは私たちが無力だと痛感することでもある。

2015年

「アル中ち言われて死んでいった」

不知火海に浮かぶ離島の患者を巡《めぐ》った。最初に会った若い患者は「私たちはね、認定申請ば取り下げた。紛争ば長引かせんように、国のためになればちいう一心のことやった。この気持ちば、汲《く》んでほしか」

短い言葉の中に詰め込まれた無念の気持ち。どんなふうにして汲めばいいのか。

次に訪ねた年輩の男性。

父ちゃんが昔、ようじいちゃんに向かって「こん馬鹿が、な〜んヨダレば垂らしよっとか」ち言いよったばってん、そういう父ちゃんも同じこつ、ヨダレ垂らして手ぇは震《ふる》えて。

土地が豊かなわけじゃなし、食うもんは魚しかなかった。親父もじいちゃんも水俣病に間違いはなかった。昔はな、役場も漁協も「水俣病に申請しちゃならん」、「こん島から患者ば出したらならん」ち言いよった。俺たちは、それば守った。

この島で出た45人か50人の認定患者はみんな隠れて申請したやつやっか。熊大の学生たちが来て、患者ば説き伏せて。

うちん親父は、じいちゃんは、役場の言うことば守って認定申請もせず、できず、アル中ち言われて死んでいった。

＊

離島訪問の前の週に、この年輩の男性の息子さんとお酒の話をしていた。

「俺はな、どっだけでも飲まるっと。だけど、じいちゃんの姿ば見とれば飲む気にはならん。ヨダレば垂らしてひこひこ歩いて、道端にうっ倒れて、島中の衆《し》からはアル中アル中ち言われ。そぎゃん見苦しか姿ば見て育てば、飲むごつなかと」

今日、聞いた「親父は水俣病だった」という彼の父の話を、祖父を見苦しかったといまも思っているこの人にすぐに伝えたいと思った。

40年以上前の「水俣病隠し」の話は知っていた。でも隠した本人から話を聞いたことはなかった。お上《かみ》から押さえつけられ被害を名乗り出ない選択をした人と、隠れて認定申請をする選択をした人。どちらの選択をした人からも、その人たちの思いを聞き、残したい。その人たち自身の「選択」だったと言って良いのか、分からないけれど。

2017年

みな、やっとの思いで相思社までの長い坂をのぼる

今日は40代の方4名がそろって「やっぱり、うったち（俺達）の持っとる症状は水俣病ち思うとたい」。

同世代の友人が、同じ歳で水俣病被害者手帳を手にした人に「元気そうなのに申請するなんて、ニセ患者だ」と言っているのを聞いて申請できなかったが、今になって症状が重くなったり、あるいは新たに出現して、思い切って相談することにした。

現在生存している患者が持っている症状は目に見えないものが多く、人知れず苦しみながら

周囲からの理解を得られない人が多い。

相思社《そうししゃ》に来る人たちに、軽い気持ちでという人はいない。みな、悩んで悩んで、やっとの思いで相思社までの長い坂をのぼる。

彼らにとって、水俣病は始まったばかりだ。

2014年

［追記］

「ニセ患者」とは——1975年、熊本県議会公害特別委員会の杉村委員長が、環境庁に陳情の際、「水俣病の認定申請者にはニセ患者が多い」と発言しました。一番の理解者であってほしい公害特別委員会の委員長発言を受けて患者支援者は、次の公害特別委員会にあわせて、150人がバス3台に分乗し、県議会に陳情に向かいました。会の中で杉村委員長は「陳情の際の発言内容は、真意とは異なり、誤解を招いたのは遺憾」との声明を読み上げただけで退席、数人の患者が追いかけようとしましたが、私服警官が委員長を守り、患者らは抗議すら思うようにできませんでした。

数日後の朝6時20分、制服・私服警官及び熊本県警機動隊員140人が、相思社と患者宅を取り囲み、患者2人、相思社職員1人を含む4人を杉村委員長への暴行の容疑で逮捕、相思社を含む6カ所での家宅捜索が始まりました。警察の行動は「見せしめ」が効果的になされるように演出されたものに見え、権力が謀《はか》り、患者運動を弾圧するために事件を仕組んだという意味でこの出来事は「謀圧事件《ぼうあつじけん》」と呼ばれるようになりました。水俣病や患者に対する偏見差別、あるいは患者運動を極端に嫌う市民感情は、このような事件によって作られていったのかもしれません。

患者を差別し、無視してきた人たちもまた患者となる

今日もまた、水俣病で亡くなった方たちのお位牌《いはい》が並ぶ集会棟の仏壇の前で患者の方のお話を聞いた。

ずっとこらえてきた症状が、ここ数年で格段に悪くなってきた。新たな症状も出てきて、もう耐えられないと思い、ひっそりと相談に来られた。

「仕事柄、ぜったいに水俣病にはなれない」と思っていた。水俣病に対する差別意識もあった。連れ合いが相思社に相談に行ったことを知った時には叱《しか》りつけた。

水俣病は差別されるような病気じゃないということを小出しにしながら話を進める。

水俣病の原因、水銀が体に入ってどのような影響を与えるか、この症状はいかにして起こるか。最初は聞きたくない様子だったその方は、話を聞く内に身体が前のめりになってきた。長く

いだいてきたこの症状の理由がいま初めて明らかになった。

公害とその後遺症に苦しむ患者たちの話。水俣でその患者を差別し、無視してきた人たちもまた、患者となっている。

「ご兄弟には患者さんはいないのですか？」と尋ねた。

「みんな水俣病の申請をしていると思うけど、隠しているもんね。人づてに手帳を持っていると聞いたから、水俣病だろうね」との答え。

「兄弟では話さないのですか？」とまた尋《たず》ねた。

「話さないんじゃなくて話せないのよ」

「兄弟は、ここへ相談に来てませんか？」と尋ねられたけれど、それこそ話せない。

「ご自身で聞いてみてくださいね」と伝える。いつか兄弟で、互いの症状を分かち合え、癒《いや》しあえる時がくるといいと思うが、先は長いようにも思う。

「話を聞くだけ」と言っていたが、最後には水俣病認定申請をしたいという。長い闘いが始まった。

ところで彼を連れてきた妻は、以前に相思社に相談に来ているが、その後の症状を今日お尋ねした。夫の反対を押しきって救済対象となったが、だからといって症状がなくなるわけではない。聞くと確実に悪化していた。終わりのないこのご夫婦の病が、心が少しでも和らぎますように。そう願いながら、できることは少ない。心の中で悶《もだ》え加勢《かせ》する。

2014年

「〝もういいです〟と言うのを県も国も待っている」

水俣のとなり町で生まれた方が1年ぶりに相談にやってきました。たった1年なのに、随分印象が変わっていました。時々顔を見せ電話をくれる患者の人たちが、6年前、3年前、1年前と比べてどんどんと症状が重くなっていき、私は途方《とほう》に暮れてしまいます。

今日来た方は、水俣の魚を多食《たしょく》し、水俣病特有の症状を有しているにも関わらず、「対象地域外」ということで何の補償の対象にもならなかった方です。納得がいかず、その体を押して今、闘おうとしています。

来られた途端《とたん》まくし立てるように話し始めました。「どこへ行っても、話を聞いてもらえんのよ」と言います。

メモを取るために、少し冷静になるために、席を立ち、また仏間《ぶつま》に戻る度に仏壇が目に入ります。お位牌となった患者たちは、この光景をどんな風に見ているでしょう。

闘いの最中に逝《い》った生命、自分が水俣病と知ることもなく狂い死んだ生命、2歳という若さで絶たれた生命、生まれてくることすら出来なかった生命、原因が明らかになってなお、その事実をひた隠しにされた猫たちの生命。

1年前の相談記録を引っ張りだしてみました。この方の地元では、昔「山野《やまの》線」という鉄道が走っていて、多くの行商人が水俣から日々魚を売りに行っていました。当時、列車の全車両に魚の匂いが充満していたという話はよく聞きます。

*

母ちゃんは、作った米や野菜を売るために水俣へ行った。米と魚を物々交換したり、帰りには水俣のめごいね（魚の行商）から余った魚をただでもらってきたりした。商品にならないような魚もたくさんあったけど、煮たり焼いたりして食べた。

食事時には、ちゃぶ台に大鍋が「どん！」と置かれ、俺たち子どもは鍋の中の魚を争うように毎日食べた。イワシ、ガラカブ（カサゴ）、アジ、チヌ、ボラ、アサリ、ビナ、カキ、イワシ、アミ、サバ、タコ。塩漬《づ》けにしたり、母が天井に吊って保存食にして、畑仕事や山仕事に行く時はそれを持って行って、炙《あぶ》ったり焼いたりして食べた。肉を食べることはなく、タンパク源は魚だけ。いりこを干したものを常にポケットに入れておやつで食べた。

中学卒業したら俺は漁村に働きに行った。月に20日は泊まってシャク（穴ジャコ）やボラ、エビを獲った。

俺たちにも小さい頃から症状がある。耳鳴りは恐ろしかも恐ろしか。耳にはもう何十年もセミが住み着いていているよう。時にはカーッとなる。精神的にもおかしくなって。耳が聞こえにくいし、聞こえても理解のできん。

箸《はし》を落とす、食べ物を落とす。からす曲がり（こむら返り）、手足のしびれと感覚の鈍さ、つまずき、頭痛、めまい、ふらつき、立ちくらみ、手足のふるえ、肩こり、腰痛、味がわからない。頭痛薬は毎日飲み続けている。特に若い頃からある、手やふくらはぎから足先にかけてのからす曲がりは翌日筋肉痛になるくらいひどくって、夜中には耳鳴りとセットで孤独も孤独。足先のしびれもしょっちゅうあるし、酷《ひど》くなる一方。

なんとか認めてもらわないとと思って、県職員に、「山野線でめごいねさんが沢山魚を売りに来た」って言うと「そんなのは関係ないですもんね。公的な書類が必要なんです。領収書を持ってきてください」と言われる。

そんなこと言われても、誰が50年前の領収書を取っていますか。もし、めごいねが領収書を書いてたとしても、魚の匂いが染み付いているから猫が食いついてしまって捨ててしまう。漁村での居候《いそうろう》が証拠になるかと思ったけど、住民票を移してないし、住まわしてくれた第三者の証明はあっても「公的」じゃないからダメと。漁師じゃないから船員手帳も航海日誌もない。

水俣の魚を俺らはみんな食べているのに、なんで対等に扱われないのか。探して探してやっと突き止めためごいねは、もう死んじゃってた。証明を出せない被害者の俺らは大変で、「もういいです」と言うのを県も国も待っている。国民に対しては、ここまで枠を広げましたというアリバイづくりをしている。「対象地域の枠を広げました。広げました」っていうけど、だけど条件が厳しいんだ。証拠証拠と言うならば、じゃあ俺たちが食べていないという証拠を出してくれ。そんなことを言うと堂々巡りかもしれないけどね。

俺はもう、認められるかは分からない。でもね、これから水俣病だと出てくる人たちの礎《いしずえ》にでもなればと思って認定申請と裁判やるよ。そうしないとやれないよ。

＊

2012年4月に受付が締め切られた「被害者手帳」取得者数が発表され、水俣病は「終わり」「解決」へ流れていこうとしています。

その裏側に、今日やってきた彼らの存在があります。

2014年

どこに向かって歩いていけばいいのか

以前から何度かお電話をくださっていた患者の方とやりとりを重ねて、やっと今日午後お会いする段取りがたった。まだ40代だけど、しびれや頭痛やからす曲がりが続く。

代々漁師の家に生まれた。お母さんは妊娠中に魚をいっぱい食べた。生まれてからも母の母乳を受け、離乳食から魚を食べた。母と1歳上の姉は認められ、どうして自分は非該当なのか？

身体の辛さは変わらない。

補償問題というのはいつも矛盾と理不尽《りふじん》を抱えながら続いていく。昔むかし、とある裁判で補償金を他人の半分と決められた患者が「オレは半人前だ」と泣いたと聞いた。そうやって人の生命に値段をつけること、それを求めざるを得ない現状。着地点はどこにあるのか。

そのあと相思社のお位牌にお参りに来たのは水俣病で亡くなった方のお姉さん。いつも仏壇のお花を持ってきてくれるからありがたい。小児性水俣病を発症した兄弟の思い出話をたっぷり1時間。相思社の仏間は、こんな来訪があるから鍵もなく、いつも空けっぱなし。見送りに出ると、海が引き潮で、近くに浮かぶ恋路島《こいじ》が随分と下の方まで見える。お姉さんが語り出す。

＊

あの辺りにゃ昔はカキがいっぱいでな。わたしらが学校から帰っても遊びはならんかった。親が許さんかったもね。山へ行け、海へ行けち、働けち。

カキやビナや、貝類ばその場で腹いっぱい食べてから、晩のおかずばとったもんね。それだけカキがいっぱいとれよったもね。毒入りのカキば、腹いっぱい食べて。誰も教えてくれんかったがな。毒が入っとるなんか。腹いーっぱい食べよったばい。はははは〜っ！

＊

明るく笑うお姉さんを見てちょっと切なくなる。
相思社に生えているつわんこ（ツワブキ）の料理のコツを教えてもらい、お別れした。

２０１４年

「母ちゃんはきつかったでしょうね。そがん話はせんですよ」

今日は午前中、１９５０年代、不知火海から少し山手《やまて》にあがった地域で生まれた男性の話を聞いた。

兄弟はふたり。兄はその症状を熊本県に認められた。しかし同じ症状を持つ自分は認められず……。

今も続く症状を口にする男性。手足のしびれはきつく、肩から下の感覚はない。注射を打ちに病院へ通ったが、治る気配がないため医者に諦《あきら》められたと笑った。からす曲がり（こむら返り）、身体の痛み。転びやすいのでケガもする。ものを落としやすく包丁や鈍器《どんき》を持っていると危ない。

当時、水俣から「めごいねさん」と呼ばれる３人の行商さんがてんびんを担《かつ》いでやって来た。毎日のように魚を買った。めごいねさんが来られない時は漬けイワシなど保存食にしてある魚を食べた。肉はなかったがタンパク源には不自由しなかった。しかしその魚には水銀が入っていたが、誰もそんなことは知らなかった。

この年代のお生まれの方には、ごきょうだいに関して質問をすることにしている。「当時にしてはごきょうだい2人というのは少ないですね」と尋ねると、「本当は7人やったってですよ」と返ってくる。

「兄や姉や弟妹がおったっですよ。かあちゃんが産んだ子が、死産したり生まれて何日かで死んでしもうてですね……。私はよう覚えとらんとですけど。母ちゃんはきつかったでしょうね。そがん話はあんましませんですよ」

女性たちは語らない。私はこのことにいつも危機感を抱いている。

1950年代、世間一般の脳性麻痺《まひ》の発生率が0・2％だった時、水俣は6％近かった。出生数についても、通常の男女比率は女性100に対して男性105なのに、1950年代の水俣市袋《ふくろ》地域では女性100に対して男性はその半分。男の子の死産や流産の確率が高かったのではないだろうか。

障害や病《やまい》を持って生まれてきた子どもたちの存在の裏側には、生まれてくることのできなかった無数の命がある。生まれてきた人たちの健康被害はもちろんのこと、生まれてくることのなかった赤ちゃんや、身籠《みごも》った命を何度も絶たれた女性たち。その家族の哀しみを忘れたくない。そして健康被害を受けた男性はこれからも生き続ける。

2014年

それでも、闘争しかなかったおじいちゃんたち

今日は鶴木山《つるぎやま》という漁村のおじいちゃんの話を聞いた。おじいちゃんは随分とおじいちゃんだ。でも昔のことを何年何月までしっかりと覚えていて、静かな語りを聞きながら、お腹の中に熱いものがこみ上げた。

むかし鶴木山では「ケタ」という地引網《じびきあみ》漁が行われていた。風が吹くと帆を張ったうたせ船で海に出る。主にエビを獲っていたけれど、網には沢山の魚も入った。エビは漁協に卸《おろ》し、魚は漁師が持ち帰って食卓にあがった。どんぶりいっぱいに刺し身が盛られ、鍋いっぱいに魚が煮られた。

子供の頃おじいちゃんは、夏に学校から帰ると家にカバンを投げ入れて目の前の海に向かった。服を脱いで飛び込み、身体が冷たくなると船や砂浜に寝転んだ。合間に沢山の貝をとり母に届けた。海に迫った山では麦やカライモ（さつまいも）をとった。

代々漁師の家に生まれたおじいちゃんは、中学を卒業してすぐに漁師になった。水俣まで漁に出かけた。百間港《ひゃっけん》に船を停めるのが常だったおじいちゃんは、そこがチッソの排水口でメチル水銀が無処理でたれ流されていることを知らず、海水をくんで米を洗い、煮炊きをし、食器を洗った。当時百間港に船を停めると船底に付着するフジツボや害虫がとれるため、漁師たち

にとって漁獲以外の意味でも人気のスポットだった。

おじいさんの話によると、1949年頃から魚が浮き始めた。1956年、水俣病が公式に確認された。長年チッソの廃水による汚染と漁獲高の減少を味わってきた漁師たちは、その時も工場廃水にその原因があると考えた。

その後、水俣の北側、津奈木《つなぎ》の漁民が発病した。対岸の天草《あまくさ》や出水《いずみ》市などでも猫の狂死が発生、不知火海が広く汚染されていることが分かると、漁民たちの排水停止要求は更に強くなった。1959年10月、もう一人前になっていたおじいちゃんたちを含む漁師1500人は、チッソ水俣工場へ行き、政府に対して水質汚濁《おだく》防止法の制定と水俣病の原因究明を、チッソに対しては漁業補償と排水停止を求めた。

話しても話してもチッソは要求を拒否した。漁民たちはついに実力をともなう闘争を起こし、警官隊が出動、新聞沙汰にもなった。

この頃、チッソは猫実験で、水俣病の原因が自社工場の廃水にあることを突き止めていた。翌月、国会の調査団が水俣を初めて訪れた時に、救いを求める漁民は4000人にまで膨《ふく》れ上がった。芦北《あしきた》、天草、八代《やつしろ》など各方面から船で水俣に集結した。その内2000人は、チッソに対し団体交渉を申し入れたが拒否を受ける。漁獲量は減り続け、病人は増え続けるなかで、窮地《きゅうち》に追い込まれた漁師たちは、ついに工場へ押し入った。結果、多くの人たちが傷を負い、100人以上の逮捕者が出た。

幸いおじいちゃんは逮捕されなかったが、「保安員6人が怪我」、「漁民投石騒ぎ」、「漁民、またも暴力沙汰」、「県市民の強い批判が起きている」、「メチャメチャに壊された工場事務所写真」などの新聞記事が出され、市民の意見として「漁民はまるで獣《けもの》のよう」、「暴力行為は許せない」などが掲載された。

数日後、水俣市議会から「排水停止を阻止する要求」が出された。追い詰められた漁師たちに残された最後の手段は図《はか》らずも、企業も行政も市民をも敵に回す結果となった。

闘争を起こすことで状況は更に悪化してしまったけれど、それでも、とるべき道が闘争しかなかったおじいちゃんたち。おじいちゃんの周りにはその後も、水俣病に倒れる人たちが何人も出続けた。それでもある網元《あみもと》の「鶴木山からは一人も患者を出すまい」という一言から、水俣病隠しが始まった。

「鶴木山には認定患者が1人しかおらんとたい」というおじいちゃん。水俣病隠しをした理由には「魚が売れなくなる」、「村に金が入ることで村全体の規範《きはん》が崩れる」などの説があるが、それによって被害者が二重に苦しめられたことは確かだ。

おじいちゃん自身にも、若い頃から様々な症状が出た。手足のしびれ、からす曲がり、頭痛、めまい、つまずきやすい、お湯の温度が分からない。しかし手は挙げなかった。

おじいちゃんたち漁師の要求は、根本的なものだった。企業は行政は市民は、どうして排水を止められなかったのか。漁師たちの声に耳を傾けられなかったのか。

２０１４年

「私たちの命の綱ですたいね、海は」

今日は海岸部で育った方がやってきた。

小学校時代、ご飯を食べたあとに友達と遊びながらのひと仕事。昼休みになると毎日のように、目の前に広がる海に貝をとりに行き、空っぽの弁当箱いっぱいに貝を入れて持ち帰る。学校から帰ると漁を終えて帰ってくるおじさんたちを待ち構え、売り物にならない魚をショケ（竹カゴ）に入れてもらった――。

＊

「母ちゃんが魚やらビナ（貝）やらが好きやったけんですね、持って帰ったら喜ばしたってですよ」と嬉しそうに笑うので、私もつい笑顔になる。１９５６年の水俣病公式確認をまたぎ、そんな日常が変わりなく続いていた。

「楽しかったですよ。海のものは食うてないものはなかぐらい、よう食いよりました。こまんか（小さい）ナマコば海ん水で洗って食べれば塩がきいてですね。これがまた旨か。ウニはカキ打ちで割って、身ばほじくれば甘みがあって旨かも旨か。あれば食えば、寿司屋で出てくるウニは消毒臭くて食えんですよ。カネも田んぼもなかったけん、私たちの命の綱ですたいね、海は」

彼女がとったりもらったりした魚介類は、母の手で調理され、毎日食卓にあがった。子どもたちは競うようにして食べた。この幸せな食卓から、水俣病が始まった。

２０１４年

共に揺らぎ考えることはできないか

水俣病被害者手帳の相談で出会ったその人の父親は、チッソで働くために県外から水俣へ来た。水俣生まれの母と出会い、その人は生まれた。

「私は会社《チッソ》がなかったら生まれとらんですよ。会社があったおかげで学校も行けた」

その人の出自は、チッソだ。

その人は、なかなか患者として手を挙げるには至らなかった。でも相思社にやってきた。

手を挙げなかった彼らもまた、手を挙げた人と同じように症状を抱え生き続ける。私が水俣出身と知ったその人は「会社《チッソ》に恩は感じとらんですか？」と聞いた。考えこんでしまった。「はい」とも「いいえ」とも答えられなかった。

白黒つけてしまえたら楽だと思うし、もやもやとした状態は気持ちの良いものではない。昨日も今日も揺れている。

だけど、まずは私の中の混乱や揺らぎを認め、それも含めて例えば彼に、例えば考証館《こうしょうかん》にやってくる人に伝えてみようと思う。そうやって共に揺らぎ考えることはできないか。

２０１３年

「本当の中立とは少数者の側に立って初めて実現する」

私の生まれは相思社から徒歩10分海の方へ下ったところ。今朝、通勤途中に近所のおじちゃんが言う。

「Ｏさんが受《う》からった（水俣病認定された）せいで、せっかく水俣病が終わりかけとったとに、まぁた盛り上がり始めたがな」

そういうおじちゃんも水俣病の手帳を持っている。

でも水俣病は終わらせたい。住民感情は複雑だ。

「水銀に関する水俣条約」の命名のときは、「みっちゃん、〝水俣〟ちいう名前ば条約に入れるのはやめろち言ってくれ」と言う、また別のじいちゃん。

私はこのじいちゃんや先のおじちゃんが好きだ。正直な感情も大切にしたい。

一方で認定申請をしている人たちも好きだ。この気持ちには差がない。同じように可愛がってもらい、色んなことを教わった。だからその人たちが生きづらさを感じるだろう世の中は、嫌だ。

水俣病に対する意見は、前者の人たちがまだ水俣では多数派のように感じる。

生前に原田正純《はらだまさずみ》さんは言った。

「中立とは何か。多数派と少数派の中間に立って、強いものと弱いものの中間に立って、何が中立か。本当の中立とは少数者の側に立って初めて実現する」

2013年

第4章

悶《もだ》え加勢《かせ》する

ミサゴ
新鮮な魚を捕って食べる。
水俣の海にミサゴがいることは、
海に魚が豊かな証拠。
獲物をねらう目つきは、
とてもするどい。

「今はどう？

出身地言える？」


2014年12月7日。少し気持ちが高揚《こうよう》している。

わたしたちがなんとなく避けてきたことを、話し合えたから。

東京に来ている。仕事を終えた夜8時。ともに水俣で育った友と会った。彼の連れ合いも一緒に。

幼い頃、私は時々大人の言うことを聞かず、叱《しか》られたり外に出されたりした。すると彼は出来事や私の気持ちを大人に伝え、助けてくれた。中学2年の時に「みっちゃん、怒りは怒りしか生まんとやけんね（生まないから）」と諭《さと》された。その言葉はいまも私の胸にある。

久しぶりの再会で馬鹿な話も真面目な話も散々して、そのあとどうして東京に来たのかを話してみたくなった。

「私さ、水俣病の仕事ばしよっとたいね……」と言ってみた。少し緊張する。

「知ってるよ、みっちゃん去年さ、溝口秋生《みぞぐちあきお》先生とヤフーニュースに出てたでしょ、水俣病の裁判のことで」

「うん。去年は水俣高校で話させてもらってね。その時『出身地が言えない』って子が結構おって。あなたはさ、こっち来て水俣出身って、言えた？」

彼は連れ合いの方を見ながら言葉を濁《にご》して、それから小さな声で、「ねぇ……、言えなかったよねぇ」と連れ合いの彼女に同意を求めながら答えた。

ちょっと沈黙があって、彼が「俺さ、実は大学時代に社会学の授業取ってたんだよね、でもその授業ずっと寝てて、『そこのメガネ！　立て！』とか言われて（笑）」と語り始めた。

「でもね、一回だけ寝なかった日があったと。『水俣病から学び考える』って授業。俺、なんかその授業すっごく疑問でさ、つい感想に『先生は内なる差別や外なる差別って視点を持っていますか？』って書いたったい。そしたら先生びっくりしちゃって、そのあと色々聞かれて。それから俺も寝なくなって、社会学の成績、Aになったと（笑）」

優等生だった彼が授業中に寝ていたことにも、水俣病の授業にそんな感想を持ったことにも驚いた。〝俺、水俣病なんて全く興味ないもんねー〟って感じで生きてきたくせに。

母が生前言った「考えとらん人は、おらんとよ」という言葉を思い出した。私はいつもこのことに足をすくわれる。もっと、謙虚になりたい。

私たちは割といろんな話をするのに、なんとなく水俣病の話題を避けてきた。私は出身地が言えない自分が悪い、恥ずかしいと思ってきた。

水俣は、私だ。よそに行ってそのことで嫌な思いをすると、やっぱり少しずつ傷ついて、少しずつ誇りを失う。それが被害妄想だったとしても。水俣病とは、なんとなく、自分なりの折り合いを付けて生きてきた。そう思ってるのはひとりじゃないのに、ひとりな気がして。

このことを、大切な彼と語れることで、一歩が踏み出せる気がする。あったことを、なかったことにはできない。水俣病も、大切な水俣のできごとだ。

私たちは、人様から見たら稚拙《ちせつ》だろうけど、初めて自分たちの言葉で水俣病を語り合った。よその人とならどれだけでも語らえるのに。例えようのない感情に少し高揚している。

彼は「水俣を離れていろんなところへ行ったけど、近ければ近いほど差別はひどい」と語る。

「今はどう？　出身地言える？」と聞いてみたかったけど、今日はここまで。次に彼が地元に帰ってきたら、私が水俣病歴史考証館《こうしょうかん》や地元を案内しよう。お連れ合いも一緒に。

別れ際、「俺、いまめちゃめちゃ幸せだから。みっちゃんも幸せになってね！」という彼。

いや私……、いま十分幸せですから！

２０１４年

悶え加勢《かせ》する

作家の石牟礼道子《いしむれみちこ》さん宅へお伺いしました。

＊

「苦しみ死んでゆく患者たちを見てきました。ある時は、どうやって殺されたのか、どんなふうに身体に水銀が入っていったのかを知りたくて、解剖をされた患者の姿を見せてもらいました」

「その異常を一番に感じ、受け止めたのはお産婆《さんば》さんでした。赤ちゃんが生まれるという知らせを聞いて駆けつけたお産婆さん達が、赤ちゃんをとりあげる時に異様な光景を目にしたと言って聞かせました。行った先も行った先もこんなに異常な子が生まれるとは、死んでいく子が出るとは、どういう訳じゃろかと」

＊

石牟礼さんの「行った先」には私が生まれた集落が含まれていて想像がたやすく、その話ぶりも手伝って、不思議と追体験しているように思えてきました。生命を産み出すという尊い仕事をするお産婆さんたちが経験した水俣病とはどんなものだったのでしょう。

石牟礼さんは、私の書いたものを読んでくださっているそうで、書くときの心得も教えてもらいました。

「大切なものを見失わないようにしてください。今まで書いてきて、辛かったんですよ私も。ラクラクと書いたわけではないんです。あなたと出会って、感謝しているんですよ」

前に、石牟礼さんに、患者の方と接するときの苦しみを吐露《とろ》したことがありました。患者の痛みを前に何もできない自分が不甲斐《ふがい》ない、泣きたくなると。

すると彼女は「悶《もだ》え加勢《かせ》すれば良かとです」と言いました。

「むかし水俣ではよくありよりました。苦しんでいる人がいるときに、その人の家の前を行ったり来たり。ただ一緒に苦しむだけで、その人はすこぉし楽になる」

以来私は、何もできない自分を責めるのではなく、寄り添っていこうと決めました。

患者の人たちから聞いたことをまとめ、この事実を伝えていこうと。そうしてともに悶え加《か》勢《せ》する人ができることが患者の助けにもなるんじゃないかと。

患者とともにあり、悶え加勢《かせ》する相思社《そうししゃ》を目指し、私の水俣病を伝えることを、日々続けます。

2014年

［追記］

石牟礼さんは、2018年2月10日に亡くなられました。90歳でした。3月24日には、水俣市内で「おくりびとの集い」が開催され、200人のみなさんと一緒に別れを告げました。

そのときに、石牟礼さんへ贈ったことばです（一部加筆）。

＊

私が石牟礼道子さんの夫の弘《ひろし》さんと初めてお会いしたのは2008年。満面の笑顔と、底なしの優しさが、私のなかの弘さんでした。

何があっても相思社を支えるという静かな情熱、揺るがない信念のようなものが、弘さんからはにじみ出ていました。こんな人に支えられる職場にいることを、心から誇らしく思います。

静かな情熱と揺るがない信念は、水俣病支援においての彼の姿勢でした。特に学校の先生をしていた弘さんが、第一次訴訟のさなか、「学校をクビになっても水俣病の支援をする」と言い、それを全うしたことは、患者やそのこどもたちにとってどれだけの支えになったかと、話を聞きながら、胸がじんわりと熱くなりました。

相思社にお預かりしているお位牌《いはい》は、その半分が、弘さんの手によって書かれたものです。患者さんからの要望で始まったのではないかと思いますが、弘さんは静かに、一文字一文字に心を入れるようにして書かれます。

弘さんが亡くなられる半年くらい前だったでしょうか。患者さんが亡くなられ、お名前を書いていただくためにお宅にお邪魔した時でした。道子さんの本棚を指さして、「好きな本を持っていっていいよ」と言われました。

気に入ったものを見つけて「これ、いいですか」と尋ねたら、「サインしてあげようか」と言いました。そして、「石牟礼道子」と書かれたのです。

「石牟礼弘」ではないのですかと尋ねたら、私では価値がないでしょう、とニコニコしながら言うのです。本は今でも私の宝物です。

その妻の石牟礼道子さんとお会いしたのは、2011年の5月でした。ちょうど今日、ここで上演される浪曲「日本の黒い水」を聞いて圧倒された気持ちのままに石牟礼さんにお手紙を書きました。それ以来、電話をいただくようになり、熊本市にあるお宅へも、通うようになりました。

最初に伺ったときは、出月《でづき》の野いちごと、甘夏の花をお土産にしました。美味《おい》しいお茶でもてなしてくれたので、お返しにとお土産を広げると、石牟礼さんの部屋が甘夏のむせ返るような甘い香りに包まれました。石牟礼さんは目を閉じて、深呼吸をして、野いちごを広げると、目を見張りました。

石牟礼さんは食べることが好きでした。野いちごを口に頬張りながら、「懐かしい、水俣へ帰りたい」と言いました。

行くといつも「水俣の話を聞かせて」とおっしゃいました。話をするとお返しに、昔の水俣のことを教えてもらいました。そして最後には必ず、水俣に帰りたいというのでした。

石牟礼さんは、本当に、人を心から信頼し、開いていった方でした。たくさんの人たちがその苦しみを石牟礼さんにぶつけたり、語ったりされていたと思います。

例えば病院の看護師さんが石牟礼さんの病室に行って、人生相談をされていると、石牟礼さんは丹念に皆さんの話を聞いておられました。

私自身も、仕事のなかで患者の方に何もできないということを、自分の無力を感じた時に、そのことを話したりしていました。石牟礼さんにとって負担になっていたのではないかと、今になると思いますが、石牟礼さんはそんな様子は全くみせず、「ああ、あなた、悶え加勢しよるとね。そのままでよかですよ。苦しい人がいるときに、その人の前をただおろおろとおろおろと、行ったり来たり、それだけで、その人の心は少し楽になる。そのままでよかとですよ」と言ってくださった。

その言葉が、今でも支えになっています。

石牟礼さんには、何度も心を救ってもらいましたが、私は彼女に対しては、結局なにもできませんでした。

だからせめて、もらった言葉を忘れずに、自分のなかで活かし、そして伝えたいと思います。

石牟礼さん、ありがとうございました。安らかにお眠りください。

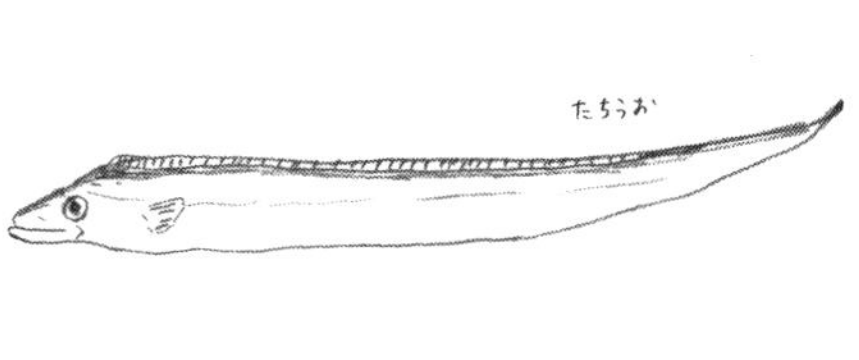

溝口訴訟最高裁判決前夜に

私の生まれた地域には水俣病の患者が多くいて、わが家に立ち寄るその人たちにかわいがられて育った。

なのに思春期の頃から彼らの存在を疎《うと》ましく思うようになった。

小中学校のころ市外で「水俣出身」を理由にネガティブな経験をした。反論する術《すべ》がなくて、そのまま「水俣」はコンプレックスになった。じきに出身を隠すようになっていた。水俣病患者がいるから私がこんな目にあう、全部患者が悪いと思って、見ないふりをした。それで済んだから。

20歳の頃、子どもの頃に書道を教えてくれた溝口秋生《みぞぐちあきお》先生が裁判をしていると知った。当時2歳の娘を連れて、傍聴《ぼうちょう》に行った。水俣病の裁判だった。

それまで、私は先生のことを表面しか知らなかった。先生のお母さんは、水俣病の認定申請をしながら亡くなったあと、行政から不当な放置を受け続け棄却されていた。胎児性水俣病の息子さんの将来を、先生は心底心配していたが、私は彼の存在自体を知らなかった（息子の知宏《ともひろ》さんは私が子どもの頃から引きこもりでした）。

先生は、教え子との再会を喜び、母親と息子さんの被害について切々と語った。知ろうとすれば知れたのに、目を逸《そ》らして気付けなかった。そして自分の持っていた眼差《まなざ》しに気付いた。

「全部患者が悪い」

裁判所での傍聴が終わってから、どうやって帰ったか分からないほどにショックだった。ただ、最後に先生が「みっちゃん、また来《こ》んな」と言ってくれたことで、裁判に通うようになった。先生の話を聞いたり本を読むことで、水俣病事件の理不尽《りふじん》な歴史を知った。行政に、企業に、そして自分自身に怒りが湧いた。

患者は悪くないこと、差別に加担《かたん》した自分、水俣病に苦しみ続ける多くの患者がいることを知った。先生が声をあげたことが、私自身が水俣病をわが事として考えるきっかけとなった。

水俣に帰り、働くことを考えたとき、頭に浮かんだのが水俣病だった。どうせ水俣に帰るなら、自分のコンプレックスと向き合おう。溝口先生の支援をして、生活の中から水俣病を学びたい。水俣病センター相思社に入り、先生から水俣病を学び、仕事の中で潜在患者と呼ばれてきた人々と出会った。水俣病は続いていた。

初めて溝口先生の裁判に行ってから10年が経《た》とうとしている。明日、裁判が終わる。

地元で裁判を起こすことは、決して楽なことではないと、地元に帰ってきて知った。先生が29年間提訴せず耐え続けたことがそれを物語っている。それでも裁判を始めた先生の勇気とこれまでの頑張り、気力は、愛する母と息子のためだ。

勝っても負けても、この裁判は、私にとって大きな意味を持っている。あの時に、先生からもらった衝撃と罪悪感を持ち、そこから見えた水俣病を伝えたい。

そして裁判を終えた先生が、ご自身の生活を取り戻せるように、ここに生きて幸せだと思える場所、安心して死ねる環境を作りたい。

私が相思社で目指す「安心して迷惑をかけあえる社会」、「もうひとつのこの世」の原点は、溝口先生です。

溝口訴訟最高裁判決前夜に。

2013年

「なぜこんなに
長くかからんばならんかった」

溝口訴訟の最高裁判所の判断は、原告側の全面勝訴でした。勝訴判決を隣の先生の耳元に伝え抱き合ったときの先生の温かさと「あー」という言葉にならないため息のような安堵《あんど》の声。

＊

この訴訟は、溝口秋生さんが、自身のお母さん（チエさん）の認定申請の棄却処分の取り消しを求めた行政訴訟です。

チエさんは1974年に認定申請して、1977年に亡くなりました。その3年間に熊本県が行った検査は眼科と耳鼻科のみで、重要な精神科や神経内科は検診未了のままでした。「申請から3年もたつのに検査が終わらないのは県の怠慢ではないか」と考えた秋生さんは「県の検査が終わってなくても、母が水俣病であったことは、かかりつけ医院のカルテを見ればわかるはず」「カルテが無くならないうちに調べてください」と県に電話をしました。その後も毎年チエさんの命日の7月1日になると、秋生さんは熊本県に電話をかけましたが、県からは「検討中」という返事があるだけでした。1991年の命日に溝口先生は、県の水俣病相談事務所に直接出向くことにしました。とっても暑い夏の日、溝口さんは県の担当者に「母のことはどうなっているのか。いつまで待てばいいんだ。母のカルテがなくならない内に調べてほしい」と訴えました。しかし、熊本県は溝口さんの訴えを放置しました。

1985年頃までは未処分者は4000人を超えていました。当時の未処分の理由で一番多かったのは患者側からの「検診拒否」、ついで「寝たきり」、「県外居住者」、「未検診死亡者」です。県はまず、数の多い「検診拒否者」を減らすのに全力を注ぐため「水俣病特別医療事業」を開始しました。県や国の思惑通り未処分者は減少し始め、それ以外の未処分者にも手をつけ始めました。

ようやく熊本県が民間カルテの調査を始めたのは1994年、チエさんが亡くなってから17年目のことでした。しかし時すでに遅し。かかりつけの医院は廃院、カルテも見つからなかったのです。

1995年、突然熊本県から「検査も終わっておらず、民間医院のカルテもありません。水俣病かどうかを判断するには資料が不足しています。資料不足は棄却せよ、という決まりがありますので、チエさんの認定申請は棄却します」という棄却通知が送られてきました。

秋生さんは行政不服を申し立てましたが、2001年にこの申立も棄却されました。

溝口さんは悩みました。「応援しますから、裁判をやりましょう」と言ってくれる人がありました。裁判提訴の期限が迫ったある日、母の仏前で手を合わせていたら「（胎児性患者で未認定の）知宏のためにもやりなさい」とチエさんが言ったように思え、裁判を始める決心がついたのです。

＊

先生にとっての40年の苦しみは、決して報《むく》われるわけではないし、時間が戻るわけではありません。元気だった先生が年々体が弱っていかれ今や耳がほとんど聞こえなくなったことを考えると、裁判にかかる時間はあまりにも長すぎました。

裁判というのは、非日常です。先生はこの11年間、常にその非日常の中にいました。小さなコミュニティで裁判を起こすというのは生活そのものに大きな影響をおよぼし、継続していくにはさらに相当な勇気と気力が必要です。

先生は判決前、「これで敗訴なら、もう日本には法はない」と言いました。日本には、まだ法がありました。希望がありました。

しかし裁判が終わったから、あるいは補償を受けたから終わりではありません。患者の生活は続いていくのです。裁判が終わってからが重要だと思っています。

最高裁判決から6日後、熊本県環境生活部の部長が、溝口秋生先生のお母さん宛に「水俣病認定通知」を持って相思社へやってきました。39年待たせたのち、部長が溝口先生と面会した時間は5分間でした。

溝口先生は県の部長に問いました。

「今日まで39年間、なぜこんなに長い間、かかったとですか」

部長は頭を下げ続け、結局先生の質問に答えることなく帰っていきました。

その後の記者会見でも、先生は記者に問いました。

「なぜこんなに長くかからんばならんかったたち、あたたちは思うな?」

溝口先生は、判決後に訪ねた環境省でも熊本県庁でも、決して声を荒げることはしませんでした。声を荒げたのは、私たち支援者のほうです。先生は穏《おだ》やかに、諭《さと》すように、相手に「考える」ことを求めました。

環境省職員へ「あたたちはなぜ、水俣病が57年も解決しないと思いますか。ひとりずつ答えてください」と問いました。5人いた環境省職員は、誰も答えられませんでした。「考える時間」は、とてもとても重い空気でした。

その重い時間を、あの場にいた環境省職員は、熊本県職員は、支援者は、マスコミは、どう捉《とら》えたでしょう。この問いは、私たちひとりひとりに向けられています。

2013年

システムが水俣病患者を苦しめる

今日は最高裁判決を受けて、熊本県知事が溝口先生宅へ来て、チエさんの位牌のある仏間《ぶつま》で謝罪をしました。印象に残ったこと。知事が、溝口先生の目を見ずに謝罪したこと。

知事は1分間のお参りの後、「ご遺族に長い間ご心労《しんろう》をおかけして申し訳ありません」と話をしました。

溝口先生はそれを受けて「私はですね、上告をされたことが、ですね……私には、一番……」と言葉を詰まらせました。

最高裁で勝訴が確定する1年前、福岡高裁で勝訴判決が伝えられたとき、溝口先生が最初に口にした言葉は「これでやっと謝ってもらえるね」でした。

1974年の申請から1995年の棄却まで、先生は1人で熊本県と協議を続けました。毎年お母さんの命日に熊本県に電話をし「早く母の処分をお願いします」と頼み続けましたが、

21年間無視され続けました。裁判中に熊本県から出てきた資料の中には、「溝口秋生には対応しないこと」とあり、行政の溝口先生への扱いがあらわになりました。

先生のお母さんが棄却された1995年は、水俣病事件にとって歴史的な年です。それまで水俣病の認定を求めながら患者として認められなかった1万人以上の人たちが「水俣病最終解決」という国の和解案を、涙を飲んで受け入れました。「苦渋《くじゅう》の選択だった」という患者の証言を聞くたびに、胸が苦しくなります。

そうやって、水俣病が終わりにされた年。21年間放置され続けたチエさんを含む、多くの未検診死亡者（水俣病認定を求めている途中に、検診を十分に受けられないまま亡くなった人）も、この年に切り捨てられました。

95年の棄却を受け、溝口先生は行政の判断が間違っていると感じ、熊本県に抗議をしました。行政不服《ふふく》という形でもう一度認定申請をしたのです。しかし、6年後に棄却。先生は泣き寝入りできないと、裁判の提訴を決めます。

そして、申請から38年後の福岡高裁の勝訴判決。蒲島郁夫《かばしまいくお》知事の謝罪を求めて行った県庁に彼はおらず、「政治資金パーティー」に出席していました。溝口先生はさらなる放置を受けたのです。

それから一週間――。

溝口先生は支援者とともに熊本県庁へ足を運び、環境省へ足を運び、集会を開いてもらい、署名を集めてまわり、なんとか上告しないでと訴えました。しかし、熊本県は上告。先生は更なる闘いを強いられることになりました。

あれから1年。最高裁の判決を受けて、知事はようやく謝罪に来ました。最高裁が最終決定をし、チエさんの認定をした後の今回の謝罪は、だから、私にとっては複雑なものでした。

この1年がどれだけ長かったか。

あなたの判断が、先生をどれだけ苦しめたか分かりますか？

なぜあの日、あなたは来なかったのですか？

謝罪に立ち会いながら、知事に問いたいたくさんのことを堪《こら》えました。私は先生の代弁者ではありません。私の感情で先生の時間を奪うことはできません。

そして昨日、チッソ患者センターの人が先生のもとにやってきました。チッソ本社の森田《もりた》社長からの詫《わ》び状と虎屋《とらや》の羊羹《ようかん》を持ってきました。

深々と頭を下げるその人に、先生は言いました。

「チッソよりも、私は熊本県を恨《うら》んどります」

原因企業より恨まれる行政とは、一体何でしょう。

忘れられない言葉があります。最高裁判決後の会見で知事が言った言葉です。

「人はシステムの中でしか生きられない」

このシステムに、昔も今も、水俣病患者は苦しめられています。

2013年

［追記］

熊本県の主張は、「死亡者のことより生存者のことを優先するのは当然、未検診死亡者のことは後回しになったのは仕方がなかった」というものでした。しかし、元々未処分者が増えたのは国も含めた行政の責任です。検診拒否は、なぜ始まったか？　ずさんな検診、でたらめな検診をして申請者を片っ端から棄却していったからです。当時の検診拒否者たちは「オレたちは認定されて補償されたいから認定申請した。棄却されたくて申請したんじゃない」と口々に言いました。棄却者が増え始めたのは1977年7月1日（奇しくもチエさんが亡くなった日）に発表された「後天性水俣病の判断条件」からです。この判断条件は患者を認定・救済するための条件ではなく、認定申請を棄却するための条件でした。

申請したにも関わらず患者側からの検診拒否が始まったのは、このように一方的な判断条件が作られたからです。判断条件は行政が作ったものであり、検診拒否自体も、未処分者の増加も、行政の責任と言われても仕方ないでしょう。

理不尽な行政のやり方に対抗して、被害者の運動が起こり、結果、認定申請者が急増しました。もし、行政がチッソではなく、被害者の側に立って施策を実施していれば、申請者の急増もなく、検査や認定の遅れもなかったはずです。

国のつくった「判断条件」や翌年の「新次官通知」には、「所要の検診資料が得られないものについては……（中略）……その者の曝露《ばくろ》状況、既往歴《きおうれき》、現疾患《しっかん》の経過及びその他の臨床医学的知見についての資料を広く集め、そのうえで総合的な判断を行うこと」と書かれています。溝口さんの「早くカルテを調べてほしい」という要望を何年も放置しておくことは判断条件や新次官通知に照らし合わせても理不尽なのです。

事実を明らかにし、歴史に残す

第二世代訴訟の傍聴のため熊本地裁へ行きました。

初めて熊本地裁に行ったのは20歳の時でした。溝口秋生先生の裁判で、お母さんや息子さんのことを聞かされた衝撃は忘れられません。

あれから9年、一番の変化は、傍聴人の中に「原発反対運動」をされる方や「三池《みいけ》炭鉱CO中毒患者支援」の方、「カネミ油症」の方が来られていたこと。

水俣病事件で起こったのと同じ事がさまざまな場所で起きています。そして被害者はひっそりと、苦しみの中を生き続けています。

第二世代訴訟は、2007年に始まりました。

原告団長の佐藤英樹《さとうひでき》さんは、最初から名前を出しての裁判。地元では大変勇気のいることです。原告は9名ですが、みな「胎児性世代」と呼ばれています。家族の誰かに劇症《げきしょう》型の水俣病患者がいる方たちです。

英樹さんは、1954年、水俣病公式確認の2年前に水俣病の激発地である水俣市袋《ふくろ》の茂道《もどう》集落で生まれました。お父さん、お母さん、お祖母さんが水俣病となり認定を受けています。漁師の家で、お母さんの胎内にいるときから魚で育ちました。

2歳の頃から足がつると訴えて毎晩のように夜泣きをしており、その後も、頭痛、めまい、しびれやさまざまな症状が英樹さんを襲います。「また来た」、「小さい頃からこうだから、これが当たり前」、「周りもそうだから」と思って少年時代を症状に耐えながら過ごしました。

当時は、劇症型の患者や脳性麻痺《まひ》のような症状を持った胎児性患者だけが水俣病と思われていた時代です。誰も英樹さんの症状が水俣病とは教えてくれませんでした。

英樹さん自身、水俣病が「奇病」「伝染病」と呼ばれた時代を経験し、水俣病というのは人から嫌われるという思いの中で、水俣病から逃げ続けました。

しかし30代の終わりに、父親に勧められて原田正純さんの検診を受け、「胎児性水俣病」と診断されました。

1995年紛争解決と紛争防止、認定患者を増やさないという国の方針によって認められない水俣病患者のための「水俣病最終解決策」が取られました。

英樹さんは、和解策に申請をします。ところがひどい症状に長年悩まされてきた英樹さんは、認められなかったのです。

溝口秋生先生のお母さんも、この時に行政によって切り捨てられました。

その後、2004年に水俣病関西訴訟最高裁判決で国の責任が明らかになってなお、県、国が自分たちのあやまちを認めず対応を怠《おこた》ったことがきっかけとなり、英樹さんたちは裁判を提訴することにしました。

起きた事実を「なかったこと」にするのではなく、明らかにすること、歴史のなかに残すことが重要だと思っています。裁判は、そういった意味を持っていると思っています。

2013年

声をあげた存在から、水俣病事件の道は開けた

川本輝夫《かわもとてるお》さんが亡くなって15年。今日は御遺族と、関係の方たちが集合しての法要、「咆哮《ほうこう》忌《き》」でした。輝夫さんと同級生の溝口秋生先生は入院が長引くことになり、出席を諦《あきら》めました。ご自身とご家族の水俣病についてもよく相談にのってもらったと言い、溝口先生は残念そうでした。

輝夫さんのお宅は、私の実家から徒歩ゼロ分です。幼い時代をともに過ごした愛犬カバは、輝夫さん宅からのもらい子でした。子ども好きで穏やかなじいちゃん、というのが輝夫さんの印象です。ところが相思社に入って、土本典昭《つちもとのりあき》監督が撮影した輝夫さんの昔の映像を見て驚きました。企業や行政を相手に交渉し、未認定患者のもとへ通う輝夫さんの印象は、私の知っている「ほんわかおじいちゃん」とはえらく違ったのです。

なにが輝夫さんを動かしたのか。私は溝口秋生先生の裁判に初めて行ったときのことを思い出しました。溝口先生は、柔らかで優しく、ユーモアに溢《あふ》れる人です。怒りを表に出した先生を見たことはありません。その先生が、家族への愛と行政に抱いた怒りと悲しみのなかで提訴した水俣病裁判を初めて傍聴したときの、あの感覚を思い出しました。

輝夫さんはチッソがメチル水銀を含む廃水の放流を始めた前年、天皇がチッソ水俣工場へ視察にやってきた1931年に水俣市月浦《つきのうら》の漁師の家に生まれました。勉強好きな輝夫さんでしたが、10代の半ばから炭鉱や工事現場の仕事をして家計を支えました。

結婚し子どもができた26歳のとき、手足のしびれや腰の痛みなど水俣病の症状が輝夫さんを襲いました。同じ頃、チッソの排水により汚染された海では漁獲高が減り、水俣の漁協はチッソとの交渉を進めます。漁民たちは大正時代の終わりから数回に渡ってチッソの排水による海の汚染と不漁を訴えていましたが、そのたびにわずかな補償金で押し切られ、煮え湯を飲まされていました。この時も同じでした。同時期に患者たちもまた、チッソが原因であることを隠されたまま、「チッソが原因と分かっても新たな補償金は求めないという条件のもと『見舞金契約』」を結ばされました。その頃、毎日のように食卓を賑《にぎ》わすための魚を獲っていた輝夫さんの父は、水俣病の症状に見舞われ、寝たきりの状態になりました。

32歳で看護師見習いとして近所の精神病院での勤務をはじめた輝夫さんは、同じ病院で父を介護し、2年後、板張りの保護室で悶え苦しむ父を看取《みと》ります。父の死について納得がいかない輝夫さんは、生存権の侵害ではないかと人権擁護《ようご》委員に問いただしますが、一蹴されました。

輝夫さんは1968年の公害認定の年に初めて、亡き父と、そして自身の水俣病認定申請をしました。結果が出るまでの間、熊本県南部の22人の人権擁護委員に、実態調査と助力を請う書留便を送ったけれど、返事はなかったそうです。そして審査結果は棄却。それ以来輝夫さんは、息子の牛乳配達用の自転車で、患者や潜在患者のもとを回るようになりました。輝夫さんの眼に、物言えぬまま亡くなっていった父の姿と訪問先にいるその人たちが重なっていたのではないかと思います。

一方、それまでに、認定診査会により水俣病と認められていたいわゆる旧認定の患者たちは、「公害認定」をきっかけにチッソとの補償交渉を再開します。しかし、交渉は進みません。厚生省(当時)が間に入る形となり、患者たちは、低額の補償を受け取り和解する一任派54世帯と、それを拒否した訴訟派29世帯に分裂しました。

その後、輝夫さんは環境庁(当時)から認定を受け、チッソに対して補償要求をします。しかしチッソは「旧認定の患者と新認定の患者は違う」として、要求を受け入れません。「新認定」の輝夫さんたち患者は、水俣工場前で抗議の座り込み、その後「被害者と加害者との話し合いで決着をつけるのが当然ではないか。東京で社長に何もかもぶつけてみよう」と新認定18家族で、東京本社での自主交渉を試みます。訴訟派の人たちが応援に駆けつけたり、チッソからの激しい切り崩しや暴力が行われたり、逮捕者が出たりするなか、1年9カ月の間、座り込みを続けます。

チッソとの交渉の中で輝夫さんは「社長、分からんじゃろう、俺が泣くのが。親父はな、精神病院の保護室で死んだぞ。保護室のある格子戸の中で、親父とふたりで泣いたぞ。そげな苦しみが分かるか」と、その思いをぶつけます。わずかの補償を受諾せざるを得なかった一任派の人たちのことを「どげん苦しみか。ただ印鑑付いたけんちゅうて、そぎゃんとでごまかさるるか、人間の苦しみが。どげん苦しみか、知っとるか」と訴えます。

一任派としての道を選んだ人たちは、決して納得をして政府に一任したわけではないと、私は思っています。夫を亡くし、水俣病で寝たきりの老人と幼い子どもたちを養うために土方《どかた》仕事に出た女性、胎児性として生まれ亡くなった子どもを泣く泣く解剖のため献体に差し出した母、親を亡くし自らの水俣病と闘いながら生きた子ども。彼らの口から「裁判を打てた人は幸せと思うよ」と聞きました。また、支援者の先輩が、見舞金契約の当時、市民、企業、行政からつまはじきにされた患者のひとりから「今さら。あの頃に来てくれたら救われたのに」と言われたと聞いたときには胸が掴《つか》まれたようでした。

川本さんは、見舞金契約の10年後に運動を始めていますが、それでも、水俣病がタブー視されるこの水俣で、未認定患者の人たちにとって大きな力になったのだと思います。そして裁判による解決ではなく、企業側と顔を突き合わせて直接抗議しチッソの幹部と交渉する「自主交渉」は多くの人達の胸を打ちました。

1973年、訴訟派の勝ち取った判決により、チッソの過失が確定し、低額の補償で口を封じようとした見舞金契約は違法とされ、無効となりました。座り込みテントへの行き来をしながら判決後のことを話し合っていた訴訟派と自主交渉派の人たちは、勝訴判決後、ともに「東京交渉団」を結成し、チッソの社長と直談判《じかだんぱん》して将来の医療、生活の保障を要求し、チッソとの間に補償協定が締結されました。

70年代はじめに水俣に移り住んだ支援者から、川本さんの印象を聞きました。

「普段は気の優しい生活人という感じだったよ。でも話し始めると理路整然としている。水俣弁でおじさんおばさんに話をすると説得力がある。川本さんは自主交渉を経《へ》て水俣病に生涯を捧げようと決めたんだ。それまでは権力者が民衆を統治するものと考えられていたけど、直接自分で立ち向かうという姿が自主交渉派。川本輝夫は、巨大な権力に武器も持たずにたった一人でも立ち向かった。よく人をまとめるカリスマと言われるけど、天性の統率力ではなく、突き進む姿が人に『助けなきゃ』と思わせて、一筋縄ではいかない人たちも惹ひきつける、そういう人だった」

輝夫さんや溝口先生を変えた水俣病事件。ここ数年で相談に訪れるようになった患者の人から「水俣病患者は恥ずかしか」とか聞くことがあって、そのたびに、わたしは闘ってきた彼らのことを存分に誇っていいと思うのです。水俣病事件の道は、被害者として、顔と名前を出して自分の言葉で闘ったひとりの存在から、開けていったのですから。社会を、歴史を、変えていったのですから。

2014年

福島の高校生とともに水俣を歩く

福島の高校生の案内が、先ほど終わりました。原発事故以降、福島在住者や避難者の方が相思社へ来られることが増え、水俣を案内してまわると、「わかります!」、「今まさに福島がそう!」と相手の表情が変わっていくことがあります。

避難して来られた方たちの案内も、いまも福島に残っておられる方たちの案内も、私には苦しいものです。特に、子どもたちへの案内は……。

東日本大震災の2年後、初めて福島の高校生を案内しました。先生との事前打ち合わせでは、生徒たちが「結婚できるのか」、「子どもを産めるのか」という悩みを抱いていると聞きました。私にはとても語れないテーマだけど、それでも私が見てきた感じてきた水俣と水俣病事件を全力で伝えたいと思いお引き受けしました。

当日の案内は、何かに挑《いど》むような時間でした。高校生を前に足がすくみました。ともに水俣を歩き、事件を追っていくことは、これからの彼女たちや福島の未来を伝えることのように思え、それをどう感じるのだろうかと常に躊躇《ちゅうちょ》し、それでも伝えたいと思い言葉をつなぐ、という葛藤《かっとう》の案内でした。

案内を終えたあと、そのことを高校の先生に正直に話し、返ってきた言葉にハッとしました。「目の前の現実から目を逸《そ》らしては未来を思い描けるはずもなく、偽《いつわ》りの未来にはまた原発事故と相似形《そうじけい》の悲惨な未来が待っている。ニッポンの嘘を見てその思いを強くしている」

そして今日は、福島の高校生を相手にした2度目の案内。彼女たちも前回の高校生と同じような悩みを抱いていると聞きました。水俣を重ねながら、女子高生たちと共にまちを歩き、最後には語《かた》り部《べ》の方のお話を聞きました。私が話した内容は、水俣病の今昔、特に生命の話、女性たちの受けた流産や死産の被害、私自身が持っている差別性と受けた差別、水俣病は患者と企業の二項対立という単純なものではなく、複雑な関係や感情が絡《から》まり合っていること。

チッソや原発なしでは生きられない暮らしを、私とあなたは今も送っていること。社会全体の責任について。水俣病事件によって明らかになったのは、国家の論理では国民を守ることはできないこと。それは今も同じでは？

歴史や事実というのは簡単にすり替えられてしまうこと。国家やメディアの流す情報は真実か。だからお願い、あなたはあなたの福島を知ってあなた達自身を守ってと。そしてあなたの福島を伝え続けてと。ひとりひとりが情報を発信するメディアになっていこうと。

案内中は、「あなたはどう思う？」と常に問いながら、ひとつのプログラムが終わるごとに共有化。目をそらさず真剣そのものの目力で迫《せま》ってくる女の子、泣き出す女の子。それぞれに抱えているものがあることは、案内の最後に知りました。

以下、もらった感想の一部をそのままに。

＊

「修学旅行の時、『放射能かぶってるんじゃない？』と言われショックだった」

「今の自分の状況とお話をしていただいたことを重ねて考える部分もありました。私達には原発という大きな問題がありますが、少しだけ活《い》かすことができる部分があるのかなと思っています」

「私の地元は原発から5キロのところで震災からもうすぐ3年、まだ一度も帰っていません。除染《じょせん》もまったく進んでいないのが現状です。目に見えないものはとてもこわい。放射能も目に見えないし、流れている情報も本当なのか分からないまま毎日を過ごしている」

「私の親は原発で働いている。でも誰にも言えないでいる。差別されるんじゃないかって思うから。でも頑張って乗り切りたい」

＊

いまも原発で身を削り、生命をかける人がいる。このことを忘れてはいけない。原発で働く人たちの子どもの思いも。私たちは彼らの父親がいることで、生きることができている。事故の初期はもちろん、今も自分の身を晒して危険な作業を続けている。

私は避難という選択をした人たちの苦しみと同様に、選ばなかった（もしくは選べなかった）人たちの苦悩も考えなければならないと感じています。選択は、どちらが正しい、誤り、どちらがより大きな被害か、という話ではないと思うのです。

そういった論争や、被害者同士が非難しあうという哀しいことで終わらせず、この選択を迫られ強いられることになった根本を、見つめなおさなくてはなりません。

私は今回の事故の直接の当事者ではないけれど、水俣や自分と重ね、またそれぞれの選択をした方やその子どもの話を相思社で聞き、それぞれが苦渋の選択をしていることを感じています。

２０１４年

原田正純さんインタビュー

水俣病患者とは誰か

永野　水俣病発生当初から熊本大学医学部で水俣病を調査、とくに胎児性水俣病の存在を発見、研究を続け、「水俣病」（岩波書店　1972年）などの著作も多い原田正純さん。2011年の現在、水俣病特別措置法の被害者手帳の申請受付が始まってから1年が経《た》ち、まちには「水俣病となる」選択（救済申請）をする人たちが増えました。水俣病の患者の中には私が学んだだけで、旧認定、新認定、司法認定、政治決着の対象者、今回の被害者手帳の対象者などさまざまな補償や救済を受けた人たち、裁判を闘う人や認定申請者がいます。「水俣病患者」という言葉を使う人の立場によって多様な水俣病が存在していますが、原田さんが考える水俣病患者とは誰のことでしょうか？

原田　医学的には水俣病というのはひとつしかないですよ。それを勝手に、認定や司法上、救済法上と区別をつけているが、これがまずおかしい。たしかに重症、軽症の差はある。しかし、身の回りができる人が軽症で寝たきりが重症かって、患者の持っている苦痛からいけばどっちがひどいかは本当はわからないですよ。世間一般の常識では、症状の重さによって患者を分けるというのは受け入れられているが、それだっておかしい。

医学的には水保病というのはひとつしかないですよ。そこがまず矛盾ですよね。しかも医者だけが構成する県の「水俣認定審査会」が認定申請者の棄却を決めている。医者の立場ならば有機水銀の影響があるかどうか判断すればいい。ところが実際は補償金を受ける資格があるかどうかを審査してる。医学的な判断がベースにあっても、救済するかどうかは社会的判断でしょう。越権《えっけん》行為ですよ。そして医学的な立場を貫くんだったら水俣病が3種類も4種類もあっちゃ困る。社会的救済の判断だとするならば、医学の判断だけじゃなくてプラスアルファの判断ですよ。

だから当然、医者だけで審査会を作って救済するかどうか判断するのは違法ですよ。むしろ行政や弁護士や被害者が参加しながら決めていくべきです。

第二世代の障害

永野　原田さんは、なぜ水俣病のことをやり続けてこれたんですか？

原田　医者ですからいろんな病気にぶつかります。だけど、有機水銀中毒で、しかも環境汚染によって食物連鎖《しょくもつれんさ》を通して起こった中毒なんていうのは人類史上初めてです。

なんでみんなもう少し関心持たんのだろう、あるいはもっと積極的に関係してこないんだろうと思う。関心持ってきたと思ったら政治的な目的だったり、全くその逆で、「あれは政治的だ」という批判で終わったりとかね。

大体医学界がおかしい。

現在世界中で、微量長期汚染の胎児に及ぼす影響を議論しています。日本で調べれば一番ちゃんと分かったわけでしょ。だけど今となってはもう分からない。だから50代、60代が今どういう影響を受けているかというのが問題で、そういう意味で僕は第二世代訴訟に関心を持っているわけですよ。ずっと関心は持ってたけど、ある時期が来ないと調査ができなかった。水俣病の差別が怖かったりとか、いろんな問題があって第二世代というのはみんな逃げていた。

水俣病はハンター・ラッセル症候群を頂点にして、裾野《すその》の方が分かってきたでしょ。一つ、そこには「病像《びょうぞう》がはっきりしていないから救済できない」という行政の嘘がある。感覚障害だけの水俣病があるかどうかと。

でも実際は調べてみると、しびれだけなんていう人は少ない。自覚症状を無視するから感覚障害だけになるけど、頭が痛い、からす曲がりがある、力がなくなって途中で歩けなくなるなど、いっぱいある。

いま分かっていることだけで、十分救済はできる。「分からない」を理由に救済ができないなんて馬鹿なことないわけです。

胎児性世代に関していうと、これは全然手がつけられていない。今のところ一見して分かるような脳性小児麻痺《まひ》タイプしか救済されてない。じゃあ、なにで救済されているかというと、大人の基準、つまり感覚障害で引っかかってる。それは当たり前ですよ。おなかの中でもメチル水銀の汚染を受けて、たまたま生まれてからも魚を食べてるから、大人の基準でも当てはまる。しかし、そのこととおなかの中で影響を受けたことは別問題です。そしてむしろ、大人の基準に当てはまらん人の方が深刻なんです。

環境庁が作った判断条件の中に、胎児性の世代は感覚障害がない場合があることははっきりと明記しているのに大人の基準を当てはめる。そこの矛盾をちゃんと指摘しなきゃいかん。

被害者の会が1995年に和解した時、僕は一所懸命反対した。歳をとった人が今から10年も20年も裁判するのが限界というのはわかる。だけど、若い世代を大人の基準で判断すると軽く切られてしまう。僕はそこに異論があったわけです。

あなたが知っている患者で言うなら、そのとき和解したPさんなんて感覚障害を証明できなかった。一応高校まで行ってるってことになってるでしょう。あの人の持っている重大な障害というのは見えていない。おそらくその世代にはPさんだけじゃなく、たくさん問題を抱えた人がいるはずですよ。

永野　そうだと思います。私の袋小学校時代に2年間担任をしていただいた生伊佐男《いきいさお》先生という方がいます。彼は第一次訴訟提訴の頃にも袋小学校にいらして、原告の患者たちの聞き取りをしておられた。その当時、子どもたちとキャッチボールをしても、ボールが見えなくて取れなかったり、朝礼で倒れる子どもが多くて、先生たちはそれを見て「なまけてる」「気合いがたりない」と叱ったり殴ったりしていたそうです。今になって考えたら、あの子どもは患者家族だし、魚も沢山食べている。症状があっておかしくない、そこに気がつくべきだったと反省していらっしゃった。

原田 反省はね、僕もしないと。1963年頃、僕は一所懸命、水俣病が激発した集落で胎児性の調査をしている。知能テストをやったら成績がすごく悪い。それで、あの地区には知的障害がすごく多いという結論で終わってる。データを見てみると、Qさんなんて成績がすごく悪かった。だけど従来の知的障害とは違う。Rさんだって、漢字が書けないのにあのするどいセンスは……。症状がちぐはぐ、でこぼこがあるわけです。だから障害が見えにくいんですよ。実はものすごくまだらになってる。それを若い世代は一所懸命隠してきたわけですよ。Pさんが一般的な知的障害者かというとそんなことないわけでしょう。ただどっかにちぐはぐな障害があって、それをやっぱり隠しているわけですよ。

永野 本人にとってはものすごい努力ですよね。

原田 そうなんですよ。だから、Pさんは高校まで行ってる。

水俣病に関わり続けるメリット

永野　何をするにも自分自身にメリットがないとなかなか続けていけないと思うんですが、原田さんが水俣病に関わり続けるメリットというのは。

原田　メリットもいろいろあって。物質的なメリットや精神的なメリット。僕の場合はやっぱり好奇心ですよ。

これは別に、水俣病だけじゃないんです。カネミ油症だって、炭鉱で起きた三池炭じん爆発だって同じ。三池の場合はすごいトラブルがある。患者たちが駆けつけた医師団に対してすごい不信感を持ってつるし上げる。すると大部分の医者が怒っちゃって、「俺たちは患者のために来たのに、なんでつるし上げられるんか、もう知ったこっちゃない」と。

ところが、僕は好奇心があった。「なんでこの人たちはこんなにひねくれてんだろう」って。必要な治療をしているのに患者が「あっちには注射2本してこっちには1本した、差別だ」って言うわけですよ。「あっちは第二組合で、こっちは第一組合」って。僕には、誰がどっちかわからないでしょう。そうすると、普通の、大部分の医者はそこで怒っちゃった。「何だこいつら、一所懸命やってるのに」って。だけど僕は、逆に興味があった。

永野　医者として、というより、人としての興味ですか。

原田　そうかもしれんね。むしろ知りたいと思う。患者の言葉を一所懸命聞いてみたら、三池の炭鉱労働者たちの、会社から二分されて差別されての惨憺《さんたん》たる歴史があった。労働者を差別する先頭に誰が立っていたか。実は医者ですよ。三池には天領《てんりょう》病院という大病院があって、病院の組織が三池炭鉱の人事課の一部分で、医療が人事管理に使われていた。医者と患者（労働者）は、当然対立する。その対立がガス爆発の後まで引っ張られてきた。こっちは何も知らんで行ったら、医者は体制側と、患者に簡単に決めつけられてひとくくりですよ。しかし、歴史を見るとね。

永野　決め付けざるを得ないような歴史がある？

原田　例えば、労働者が風邪ひいたからと普通の病院に行くと「3日休みなさい」という診断書をもらって、会社に出すと「3日もいらん、この診断書は通用せん。天領病院の、会社病院の診断書もらってこい」と言われる。会社病院に行くと、「3日も休まんでよか、1日でいい」ち言われる。労災もみんなそう。それで、医者と患者の中にすごい不信感があった。そこに爆発が起こる。さかのぼって調べてみれば、彼らがなんでこんなにひがんでいるのかがわかる。

僕がそれを話せば、知らずに反発していた医者仲間もそれが分かる。それで熊大は40年もずっと追跡したわけですよ。水俣病だってそうなんですよ。第三水俣病のときなんか、水俣病を見たことのない九州大学の黒岩義五郎《くろいわよしごろう》教授なんかが、いかに嘘を見破るかという講習をやっていると講習を受けた人から聞きましたよ。

永野 患者が嘘をつくという前提ですか?

原田 うん。「感覚障害は本人が言ってるだけだから信用できない」とかね。でも本来、医者が感覚障害がある、という場合は自覚症状じゃない。検査圧を強くしたり弱くしたり、何回もやってみて、これが診断なんですよ。自分の専門性を放棄している。患者の言ったことを鵜呑みにするのではなくて、その中からどうあるのかということを確認するのが専門家でしょ。だから、馬鹿げた話ですよ。そんなことも含めて、なんでみんな、もっと水俣病に関心を持たないのかと。

変な話だけど、世界で第一人者になろうとしたらオンリーワンかナンバーワンですよ。医学の世界でナンバーワンになるのはなかなか難しい。だけどオンリーワンっていうのは、人がせんことをすりゃなるわけですよ。水俣病なんて、あんまりみんなせんからね。だから水俣病を一生懸命やったら、これはすぐ世界的にオンリーワンですよ、有名だから。売名行為でも何でもいいんですよ、とにかくやってくれれば。その違いがね。

永野 最後に〝水俣病患者は誰か〟の結論を教えてください。

原田 少なくとも私の考える水俣病というのは、汚染の時期に不知火《しらぬい》海沿岸に住んでいて、魚介類を食べた人は全部被害者ですよ。理屈からいけば、本当は認定審査なんていうのはおかしな話ですよ。ある一定期間、この地域に住んでた人たちは全部水俣病として処遇すべきですよ。その中で重症者とか軽症者とか、それに応じたランクをつけることはある程度は合理性があると思うんですね。ただ、地域的にここはだめよとか、年代に線を引くことは不可能と思うんですね。

感覚障害による線も本当は引けないはずですよ。特に胎児性世代というのは、感覚障害がはっきりしない人がいるはずだから。じゃあなにを入れるか。いつどこに住んでたか、家族がどんな状況か、そういう状況証拠しかないでしょ。本来なら、例えば体の中から水銀を高濃度に検出すればそれが証拠ですよ。ところが当時、その調査をさぼったわけでしょ。第二世代訴訟では、被告は「近所に患者が出てるかどうかは、それは間接的証拠じゃないか」と言うに決まってる。しかし間接的な証拠しかないようにしたのは誰か。生まれた時に、ちゃんと現地を調査したり、水銀値を計ったりしとけば、もめなかったんだ。直接的証拠がないというのは患者の責任じゃないでしょ。

永野　最近、相思社に来られた初期の認定患者の方が、「みんなあそこのスーパーの卵が安いから、お得よという感じで、救済措置の申請をする。それが嫌なのよね」っておっしゃった。差別した側がそんなふうに水俣病になっていくのに違和感を持つ気持ちを分かりたいと思います。一方で、誰がどんな被害を受けたかなんて、今や誰にも分からなくなって、ここまできてしまった。だったら、その「お得よ」という感じでも、それで被害を受けた人たちが本当に助かるんだったら、それでいいじゃないかと思ったんですね。

原田

原爆手帳と同じでね、曝露を受けていることは間違いないんだから、それで症状が出てるか出てないか、ひどいかどうかという差だから、かまわないんですよね。ただね、そうはいっても、構造が非常に複雑なの。今、「私は患者だ」と手を挙げてる人たちは、かつて差別した側にいた人たちなの。自分たちが被害者って分からなかったわけです。それで患者を差別してきた歴史がある。

現に、僕らはそれを見てきたからね。だから感情的にはどうしても納得できんところもあるんだけど。ひどかったですよ、袋小学校の先生じゃないけど、湯堂や茂道の患者や家族に対する差別って。その差別した人たちが今手を挙げる。間違いなく彼らも被害者なんだ、被害者なんだけども気持ちは非常に複雑なのよ。患者を差別したけども、その彼らはよそに出て行くと差別を受けたわけですよ。そういう意味ではまた複雑。もちろん今手を挙げてる人たちも被害者であることには間違いない。

だから、僕は水俣市がすすめる「もやい直し」に反対してるんじゃないんだけど、加害者と被害者といた時にね、殴った方が「反省をしている」と。で、殴られた方が「あなたたちがそがん反省しとるなら、仲直りしましょう」って、手を出すならわかる。でも、殴った方が「もう時間が経ったけん、水に流そう」って言っても、それは、もやい直しにならないんですよ。

本当のもやい直しっていうのは、被害者が手を差し伸べるような条件を作ることでしょ。それは日本と朝鮮との関係を見てもそうですよ。日本がいくら「仲直りしよう」って言ったって、駄目ですよ。殴られた方が、「日本がそれだけ一生懸命やってくれるんだったら、もう仲直りしましょう」って、向こうから手を出してくるなら話はわかる。本当のもやい直しですよ。

永野 そのもやい直しも、その言葉ができた時は、違ったと思うんです。それが一人歩きしていったり、それを利用して水俣病を終わらせようという方向にもって行くことには強い違和感があります。

原田 それは今まで何遍も歴史の中であったわけですよ。市民大会開いて、水俣の再建のためにって。よく読んでみると、もう水俣病のことはもうこれで終わらせようということでしょ。でも病気を持つ人が終わるわけないよね。

歴史に残す

永野 もともと水俣病はひとつしかない。でもこれまでいくつもの「水俣病」が生み出されてしまったことで、地域の人たちは惑わされていますよね。「本当の水俣病とそうじゃない水俣病がある」なんて話、よく聞きます。「被害手帳だけの人は本当の水俣病じゃない」とか。

原田 水俣病の手帳にも何種類かあるからね。行政のやり方にとらわれて信じてる。だから、われわれは、たいしたことはできないんだけど、そういう流れに少しでも抵抗するというか。1995年の政治解決策だって多くの認定申請者や裁判原告が和解したけれど、それも不知火海沿岸地域から大阪に移り住んだ後に、その被害を裁判所に訴えて和解後の闘いを続けたごく少数の関西訴訟の〝反乱軍〟のためにひっくりかえったんだから。世の中を動かすのは、僕は多数派じゃないと思うんですよ。だからね、溝口訴訟や第二世代訴訟を闘うあの9人が問題をずっと明らかにしていくんです。だからといって、いつも思うような判決が出るかというのはまた別問題。ほんと、裁判で救われはせんもんね。だけど、異議を申し立てた人たちが少なくともいたっていうことは、裁判を通じて歴史に残っていくじゃないですか。

永野 何もしなければ捨てられていきますもんね。忘れられてなかったことにされないために立ち上がり、歴史に足跡を残すんですね。

2011年

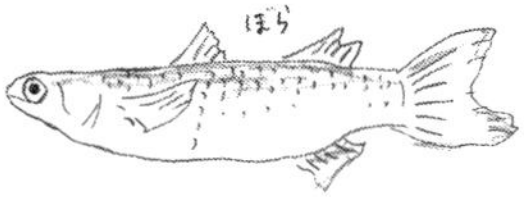
ぼら

第5章

「息子に蹴られた背中が痛くて」

語られないことに、真実がある

昨日は朝から50代の方がみえました。「何が一番辛《つら》いですか？」と尋ねると、頭痛だといいます。水俣病を抱えて生きる人たちの多くが持っている症状。この方は、小学校低学年の頃から日常的にひどい頭痛に悩まされ、夜中に吐くこともあります。やっとの思いでしている仕事も休みがちです。

医者からは「原因不明」「もう治りませんね」と言われたことで「私は見放された」と感じています。治療法は「注射を打ちに来るか、薬を常備して痛くなったらすぐ飲むか」。頭痛薬は毎日、朝昼晩と飲み、それ以外にも痛くなったらすぐに飲む。それでも襲ってくる頭痛の恐怖。

「これさえなければ水俣病と認めてくださいとは言わない」

県外に嫁《とつ》いだ20代の頃、嫁ぎ先の家族からいつも味付けがおかしいと言われ、味覚障害があることに気がつきました。「主婦としては辛い」ことでした。周囲で異臭がするというのに自分は分からない。耳鳴りが辛い。

めまいや立ちくらみは中学生の頃からありますが、最近とくにひどくなったといいます。

年を重ねるごとに症状が重くなるのは、水俣病の特徴です。今は自覚症状が軽かったり我慢できても、50代を過ぎると症状はぐっと重くなる若い患者の今後が心配です。

彼女はほかにも手足のしびれ、ふるえ、足のつりなどの症状を抱えています。階段や畳のへりでつまずく。腕の力が抜け、コップや茶碗、包丁を落とす。

人の苦しみを見続けてきましたが、私にとってこの苦しみはいつまで経《た》っても「普通」になりません。

被害を受けた人はなかなか語ろうとしません。語らないのではなく、語れないのです。しかし、その語られないことに、真実があると思うのです。なかったことにはしたくありません。相思社で、水俣病患者の苦しみに出会うとともに、そこで知ったことをひとりでも多くの人に伝えたいと思います。

先日、環境省は「感覚障害だけでも水俣病患者と認定することは可能」という通知を熊本県等に出す方針を固めました。

熊本県知事の「水俣病の患者認定について県が担う患者認定審査業務を返上する覚悟で、環境省にものを申していきたい」という発言自体は、一応あっぱれと言えるでしょう。

患者数を増やさないためにできた認定基準「77年判断条件」が出されてから、いくつもの「水俣病最終解決」が図られてきました。

環境省がやっとそのタブーに踏み込むのかと思いきや、今回も従来の運用そのものは見直さないといいます。

溝口秋生《みぞぐちあきお》先生のお母さん（チエさん）の裁判では、「感覚障害のみ」のチエさんが水俣病と認定されました。

今回環境省は、「感覚障害しかない人は、メチル水銀摂取歴や居住歴、発症時期など因果関係を具体的に調べて判断する」そうです。

それは一筋の光のようにも思いますが、しかし、今回私が経験した2回目の水俣病最終解決（なんて矛盾した言葉！）、水俣病特別措置法に関わる水俣病被害者手帳の申請では、熊本県の条件から外れる被害者に求められたものは、「公的証拠」や「当時の魚の領収書を出してください」という言葉。

「誰が50年も前の魚介類の領収書を取っていますか？」というやり取りを何度繰り返したか。「運が悪かったですね」という県職員に対して声を荒げそうになりました。

何十年も前の「メチル水銀摂取歴」なんて、誰が分かるというのでしょうか。住民検診でもしていたら「公的証拠」とやらが残っているのでしょうが、そんなことは誰もしていません。今回も同じことになるのではないかと引っかかっています。

溝口先生のお母さんの裁判で、熊本県は「お母さんを解剖していればよかったのではありませんか」と言いました。証拠が残っていないことを被害者の責任とする行政側の姿勢に疑問を抱きます。

「具体的に調べる」の内容を見ていきたいと思います。

2013年

今回対応してくれた県職員の誠意

この仕事を始めてから、色々なご相談がありますが、その中でもトップ5に入る相談が、「病院に行ったら水俣病被害者手帳が使えないといわれた」というもの。

水俣病という病気は、残念ながら完治しないと言われています。それどころか、水俣病特有の症状以外にも、糖尿病や高血圧、心臓病などの様々な二次障害をもたらしガンになりやすいとも言われています。ですから、現在の医療手帳や被害者手帳は、「歯科、出産、交通事故以外の医療費は無料」となっています。

手帳が使えないと言われるのは不知火《しらぬい》海周辺以外の病院がほとんどで、未だに地元以外では水俣病や被害者手帳の存在が知られていないことを知ります。

それ以上に思い知るのが熊本県の態度。

相思社で受ける相談のほとんどは、「熊本県に相談しづらいから」というものです。それでも、こういった手帳関連の声はできるだけ知らせていきたいと思い、熊本県に相談することがあります。

しかし熊本県の対応は、「お医者さんがそういうなら、そうなんじゃないですか」というもの。これまで一度として「無料にするよう病院や医者に働きかけます」と言ったことはありません。私が、「被害者手帳を発行しているのは熊本県なんですから、水俣病のこと、手帳の成り立ちや内容だけでも伝えてください」というと、「お医者さんの判断ですから熊本県からは強く言えません」という答え。

患者の方たちのお話を聞いていくと、熊本県は、毎回この答え方をしているそうです。この数年、私も同じやりとりを繰り返しています。

先日までは、私自身が直接病院と交渉をして被害者手帳の存在を認めてもらっていましたが、それではいかんと思い直して、県に病院との交渉をお願いしました。

お相手の熊本県職員は、水俣病保健課1年目。前にいた課は水俣病とは全く関係のないお仕事だったそうです。

この間の経験から、在籍年数は関係ないと分かっています。課長ですら、「お医者さんがそういうなら、そうなんじゃないですか」と言うのですから。

最初はこの1年目の職員さんも私への対応を渋っていましたが、何度も手帳への理解を求め、また患者の現状を訴えました。数日おきに電話をし、状況の確認をしながら、病院への連絡を続けてもらい、今日ようやく病院側はその存在を認めました。本当にうれしくて、手を叩いて喜びました。こんなの当たり前のことなんだけどね。それでも今回対応してくれた県職員の方の誠意には感謝です。光を見た気がします。

熊本県にはこのような電話が何度もかかっているけど、詳しい説明をすることもなく、水俣病という病に苦しみながらも、この手帳を使うことができない方がいることを、今回連絡を取り合った職員から聞きました。

差別を気にして、という問題もあるのですが、それとは別に、病院の理解がなく手帳が使えないという問題があるのです。

先は長いですが、ひとつひとつ課題をこなしながら先を目指していきます。

2013年

あなたの周りにも、水俣病患者はいる

昨日は患者の方と一緒に福岡県久留米市で出張講演をさせていただきました。

沢山の方たちに集まっていただき、皆さんの真剣な眼差しに襟《えり》を正してお話をしました。300人もいるのに、不思議と一体感がありました。参加者のチームワークからでしょう。

水俣病発生以前の水俣、発生したあとの行政や企業や市の対応とその歴史、患者達と自然界が受けた・受けている被害、現状、自分のこと、話し始めればキリがなくなりますが。

久留米の人たちはとにかく元気でした。水保にも積極的に関わってくださる方が多く、なぜなんだろうと思っていたのですが。被差別部落の人、行政や公務員の人たちが主体的に運動をしていて、皆さんが水俣病事件を我がことのように捉《とら》えてくださっていることが大きいように思います。教員間の世代交代や伝達もうまくなされている感じでした。

「水俣出身の胎児性水俣病の女性から『久留米でひどい差別を受けた』と相談を受けて水俣病の勉強を始めた」という男性がいて、差別自体は哀しいことだけれど勉強を始めてくれたことが嬉しくなりました。時間が無くて詳しくは聞けませんでしたが、就労支援をされていた方なので、就職差別でしょうか。数年前のことです。

水俣病患者は全国にいます。就職や結婚や何やらで引っ越していった人たちです。こうして自分のことのように考えてくれる人の存在は、患者にとっては心強いものだと思います。

日本中のあなたの周りにも、水俣病患者はいるのです。

もうひとつ。久留米の町のいたるところにある「わが町は差別をなくす　人間都市」という看板がわざとらしいという意見もあるそう。実際できているかどうかの問題もあるだろうけど、理想を掲げるということは大切だと思います。そして差別があることを認めることも。

水俣市には一個もないな、「なくそう、水俣病差別」という看板。代わりに「チッソと水俣は運命共同体」という看板はあるけど。

この前もらった水俣市発行の外部者向けの冊子には「水俣市内での水俣病による差別や偏見

はほぼ見られなくなりました」と書いてありました。

しかし、相談業務の中で、差別や偏見が今も続いていることを知ります。市内外での差別は、新聞に載ってようやく気付かれてきましたが、載らないからといって「差別がなくなった」わけではないのです。声にならない声を無意識のうちに「なかったこと」にすることの怖さ。

相思社でやっとの思いで語られた思いも少なくありません。受け止め、悶《もだ》え加勢《かせい》することや、その思いを発信することを続けたいと思います。そうしていつか、この人たちの存在が認められますように。

2013年

「話を聞いてほしかったんです」

今日のご相談は、水俣病の症状を小さなころから抱えた胎児性世代（50代）の女性。

水俣病について、どのような説明をしようか。そう思って「水俣病についてご存知ですか」とお尋ねすると、「家族から、水俣病は恥ずかしいものと聞かされて育った。ずっと見ないようにしてきた」ので情報はまったくないという。家族はチッソの元社員。

話を聞いていくと、症状はボロボロ出てくる。

小さな頃から日々の頭痛、転びやすい、耳鳴り、手足のしびれ、感覚障害などの症状に悩まされ、病院へ行っても原因不明といわれ続けた。薬を飲んでも治らない。おとなになってからは、家族を置いて入院することもあった。

人づてに水俣病の話を聞き、戸惑いながら水俣病被害者手帳をようやく申請した。民間の医師の診断書を取ろうと思い、若い頃からのかかりつけのお医者さんに診断書を書いてほしいと頼むと「水俣病に関するものは書けない」と断られた。

ずっと昔からのカルテも残っている。私の体の不調を一番知っているはずの先生の協力を受けられず見放された気持ちになった。

民間の診断書がないまま、熊本県の公的検診を受けた。原因を突き止めたい、聞きたいこともたくさんあったが、検診は数分で終わった。話を聞いてもらえず、水俣病に関する質問をすると「ここでは答えられませんので」という答えが返ってきた。診断の結果は非該当、「水俣病ではない」というものだった。

＊

彼女は水俣市の漁村近くで生まれ育ち、幼い頃から魚を食べた。

水俣病の多様な症状やケアの方法、原因や歴史について、知っている限りを話した。でも、この人には補償金は出ない。「お役に立てずにごめんなさいね」というと、「違うんです。話を聞いてほしかったんです。やっと話を聞いてもらえた」という。

患者たちが自分の経験を語る場所が、ない。自身の水俣病に抱いていた思い、外で受けた差別、病気の苦しみを長々と語られることもある。

2010年からの水俣病特措法に関わる「被害者手帳」の申請者は6万5000人。水俣市民の50代以上の半数以上が被害者手帳を手にした。でも、日本社会は、水俣病の話が普通にできる環境にはまだないように思う。水俣市では水俣病患者が数的にはマジョリティになりつつあるのに。

「私、脳梗塞《のうこうそく》になって……」

「ペースメーカーを入れることになって……」

「糖尿病で……」

この種の話は深刻でも相手の反応を気にせずにできるけれど、水俣病の場合は自身も差別や偏見を気にし、伝えられた側も差別をしたり、病院では受診拒否が起きたりもする現状がある。

病院と交渉するのも私たちの仕事だ。水俣病の病像《びょうぞう》を説明したり「医療手帳」や「保健手帳」の意味を説明したりするが、なかなか分かってはもらえない。

2013年

見守ってくださるお位牌の方たちへ

水俣では今日からお盆です。

相思社では亡くなった水俣病患者のお位牌《いはい》をお預かりしています。今年新たに2人のお位牌が加わり、122柱になりました。

主には水俣病で亡くなられた方や関係者で、小さな子どもから大人まで、また水俣病の原因究明のための実験で犠牲になった猫たちの位牌もあります。水銀による流産や死産で生まれてくることのできなかった沢山の命にも祈りを捧げます。

今年新たに加わった方々は、私にとって非常に関わりの深い方たちで、お預かりするときの感慨《かんがい》はひとしおでした。

私たちはこのお位牌の前でスタッフ会議や理事会を開き、重要な決め事をしていきます。いつも見守ってくださるこの方たちに恥ずかしくない運営をしていきたいと思います。

私たちはあなた方のお位牌を大切にお守りしていきます。皆さんどうぞ今年も来年も、安心してここに帰ってきてください。

2013年

「ワースト」の町

「水俣市の国保医療費県内ワースト第1位」
1人あたり年間47万円（熊本県平均33万円、全国平均30万円）——

市民に届いた水俣市の「健康診断のお知らせ」にあった数字です。
水俣市に加えて隣の町村はどうなんだろうと思って、それぞれの役場の方にお尋《たず》ねしてみました。
芦北町《あしきた》　36万7400円
津奈木町《つなぎ》　46万6000円
役場の職員の話では、「熊本県内でも特に水俣病患者が多いのが、水俣市、芦北町、津奈木町の3市町。全国から見ても高いといわれる熊本県の医療費をこの3市町が引き上げている」そうです。なるほど、こんなところでも水俣病の被害が見て取れるのですね。
この資料では、水俣に住む1人当たりの医療費の額が、県内一高いことを「ワースト」と表現しています。ワーストは「もっとも悪い」「一番ひどい」という意味の英語ですが、健康な人たちはこの表現を見て病気の人に対してネガティブな感情をいだいたりしないか、医療行為に頼る必要がある水俣病患者や障がい者や高齢者は、これを見て申し訳なく思ったりしないか、とちょっともやもやしています。

病気や障がいを持っていようがいまいが、誰もが対等で、分けられず排除されず、安心して迷惑をかけあいながら生きていける社会が私の理想です。患者の人たちが安心して医療行為を受けたり暮らせたりすることを求め、少しでも水俣病について理解が深まるようにと水俣や日本中で説明会を行なってきました。

ちなみに「水俣市国民健康保険に加入している方の疾患《しっかん》別の医療費（人口あたり）」は、

糖尿病　ワースト1位
腎不全　ワースト1位
高血圧　ワースト3位

糖尿病も、腎不全も、高血圧も、水俣病患者がかかりやすい病気です。ワーストとは、健康な人にとっては何気ない言葉かもしれませんが、この書類を見た患者の人たちが下を向いて医療行為を受けるようにならずにすみますように。とくに真夏の今、体力が消耗して病院通いの患者さんが多いんです。

2013年

救済措置のほころび

今日は、若い世代の方の水俣病認定申請手続きの相談をお受けしました。

『水俣病被害者の救済及び水俣病問題の解決に関する特別措置法』（2009年施行）に関わる「被害者手帳」の申請期限が終了してもうすぐ1年が経とうとしています。行政の受付窓口終了後も、相思社への相談は続いています。今回の救済措置では今、さまざまなほころびが生まれています。

今日の相談者は、一見すると元気そうですが、若い（幼い）頃からメチル水銀の影響とみられる様々な症状に悩まされてきました。しかしずさんな検診の結果、被害者とは認められませんでした。この方の両親兄弟親戚一同、行政によって水俣病と認められています。

若い世代の相談者の多くがそうですが、この方も親御さんに連れられてやってきました。母親たちは、「私が魚さえ食べなければ」と言って自分を責め、「まだ若いのにこんな身体で」と子を思い、「今も将来も医療費の心配なく病院に行かせたい」と手続きをしに連れてきます。その母親もまた、水銀に侵《おか》され、時には子を流産や死産で亡くした経験をもっているのです。

行政は、被害者手帳申請窓口を設ける際に、対象年齢に満たない方や対象地域外に住んでいる方の救済の幅を広げると言いました。沢山の患者団体の努力により、対象外だった人たちの中に水俣病特有の症状のあることが分かり、対象地域外で被害者手帳の交付を認められた方もいますが（具体的には上天草《かみあまくさ》市姫戸《ひめと》町）、それもごくごく一部で今相思社でお手伝いをしている鹿児島県伊佐《いさ》市や人吉《ひとよし》市の方たちは対象になっていません。

そして対象年齢に満たない若い患者は、条件となったへその緒の水銀値が1ppm（昭和30年頃に生まれた胎児性水俣病患者の高濃度の水銀値）と極端に高く設定されており、相思社に相談に来られた申請者はすべてその対象外になりました。後日、その基準を満たした方が数名いることが分かりましたが、新たに手をあげた若い患者たちは、すべて放置されたままです。

2013年

「一生治らない病気」

医者や支援者は、水俣病を「一生治らない病気」と表現したり、患者に「水俣病を治す薬はない」と伝えることがあります。

間違ってはいないし伝わり易い言葉で、私自身、患者の方への説明や講演会の時に使うことがあります。

先日40代の患者の方からお電話がありました。

「水俣病の被害者手帳の申請をしたときに受けた検診で、お医者さんにしびれや耳鳴りや頭痛や手足のこわばりやけいれんはどうやったら治りますかって聞いたのよ。そしたら医者は『水保病は一生治りませんよ』って、軽く言ったのよ。もう他人事《ひとごと》よ。俺、もう腹が立って腹が立って。これからどんな希望を持って生きればいいのよ」

ドキッとしました。この人が最後に言った「こんなに症状がある俺を棄却にした国と県にも、一生治らないと言った医者にも水銀を飲んでもらいたい」という言葉も。

もちろん医者の言い方や、受け取る側の心身の状態にもよるでしょうが、この言葉は被害者にとって残酷な意味をもつこともあるのです。

水俣病に限らず、病気を受け入れるのは本人や家族にとって大変なことです。そんな時に医者や支援者の発言が患者を傷付けたり病気の受容を妨げたりすることがあるんだと知りました。

2013年

水俣病事件を考え悩める授業

今日は佐賀の唐津の浜玉《はまたま》中学校の生徒さん60名に講話と考証館の案内をしました。

私自身は水俣病公式確認当時を生きておらず、直接に知っていることは少ないので、自分が経験したこと（普段の患者相談業務や生い立ち）と絡《から》めながら、事件の歴史をひもといていく形になります。自《おの》ずと一方的に喋《しゃべ》りまくる形になってしまいますが、私がしゃべるだけではフェアじゃありません。「あなた達もよ！」と、途中からみんなの間を歩きまわり、無差別に手を差し向けて、質問攻めにします。いつもはクイズ形式ですが、今回は時間があったので「あなたはどう思う?」「こんな時あなたならどうする?」と問うことができました。

きっと、彼らにとっては相当に迷惑です。彼らの方は、「アタシ⁉」「次は俺かも⁉」と一瞬にして集中が高まります。そう、「あなたも主役、あなたも当事者」。

水俣病は、決して他人事ではありません。真剣に悩み、命の話になると鋭くなる眼差し。文科省の出した「中学生の特徴＝人を避ける傾向にある」なんて真っ赤なウソですね。彼ら自身が水俣病事件の歴史の一コマ一コマについて考え悩めるような問いかけ型の授業を、これからも模索していきたいと思います。

2013年

同じように苦しむ人をまた生み出す

今日は水俣病犠牲者慰霊祭がありました。

水俣では同日同時刻に患者主催と行政主催、ふたつの慰霊の式典が行われます。溝口秋生《みぞぐちあきお》先生は、毎年患者主催の慰霊祭に参加をしています。

取材中の記者から「認定を受けたお母さんのお名前を水俣市の慰霊碑の名簿に入れるお考えはありますか」と問われた先生。

「母の名前を入れる気はありません。これまでの県や国の対応を受け、あのような人たちにお参りをしてもらいたいとは思っとりません。これまで何十年苦しめられましたか？　どれだけの人が今も、苦しんでいますか？」と逆に問うていました。

そして問われた石原伸晃《いしはらのぶてる》環境大臣は、溝口先生の「会って謝罪を」とのお願いと直接行動には答えず、慰霊式後の記者会見の場で「ご心労がいかばかりかと思ったとき、胸を痛めています」というコメントをしていました。

そして「初めて水俣に足を運び、現地の様子がよく分かった。このような悲惨なことを二度と繰り返してはならないと思った」とも……もう繰り返しているではありませんか。原発事故の数十年後も、行政は同じように被害者に、「ご心労いかばかりか」なんて言うのでしょうか。

ここで学ばなきゃ、先生と同じように苦しむ人をまた生み出すことになる。

溝口先生が人生をかけて訴えたことを、他人事じゃなく、受け止めたいと思います。

＊行政主催の慰霊式は水俣湾埋め立て地にある慰霊碑の前で１９９２年から行われています。毎年、市長はじめ、環境大臣、新潟県関係者、熊本県知事、行政職員、県及び市議会議員、患者団体、市民、小中高校生、近くの市町村の住民などが参加します。
慰霊碑には、認定患者のみの名前が入った名簿が納められています。私の考える計算では、認定患者は全体の患者のわずか１％です。ここに、認定は受けていないけれど水俣病で亡くなった患者の名前を入れて

ほしいという遺族の声は今もあります。システムによって患者を分ける行為に疑問を感じます。ここにお客さんを案内するときは必ず、「認定・未認定に関わらず、そして生きとし生ける失われたすべての命と、私たちが今立っている、かつての海に祈ってほしい」と伝えています。

＊患者主催の慰霊祭は胎児性水俣病患者の上村智子《かみむらともこ》さんが亡くなられた１９７７年、彼女を悼《いた》んで作られた塚の前で行われます。読経のあとの長い茶話会が魅力です。昨年まで毎年参加していた原田正純《はらだまさずみ》先生の顔が見えないのが、今日、無性に寂しかったです。

２０１３年

「俺のせいじゃなかった」

わざわざ関西から来られた不知火海沿岸出身のある患者の方、さまざまな症状を抱えておられて、「『カネミ油症』はしばしば『病気のデパート』と例えられるけど、この方も同じようにたくさんの症状をお持ちだなぁ」と思いながらお話を聞いていると、「体のことを、こんなに丹念に聞いてもらったのは初めてです」と突然涙ぐまれました。

その様子に長崎県の五島《ごとう》列島に住むカネミ油症患者の宿輪敏子《しゅくわとしこ》さんを思い出しました。

原田正純さんの葬儀での宿輪さんの言葉は印象的でした。

「原田先生に会うまで、私は医者が嫌いでした。ここが痛い、ここが苦しい、といくつもの症状を訴えると『あなたは一体何がしたいの』と冷たくあしらわれて、病気なのに医者に行くことが嫌いになりました。原田先生はすべてを受け入れ、症状すべてを聞いてくれました」

このとき宿輪さんと水俣病患者の方たちが重なったのを覚えています。先の患者の方は、小さい頃から頭痛、めまい、耳鳴り、体の痛み、手先の感覚が鈍い、内臓器官が悪い、足が夜中に何度もつって眠れない、毎日午前中は両手がこわばって動かない、寝ても覚めても手足がしびれている、皮膚病、不眠にもの忘れなどの症状があります。たまになら、まだ耐えられるでしょうが、日々悩まされて50年以上。

どこの病院でも原因不明。たまに病名を付けられて薬を飲むけれど治らない。病院代や健康食品にいくらかけたか分からない……。

症状をうかがったあと、私からも病気の原因や水俣病事件の歴史についてお話をしました。

水俣病事件の歴史の中で、今現在に至るまで法律によって漁獲や汚染魚の摂取が規制されたことは一度もありません。

水銀は１９３２年から１９６８年までの間、36年間に渡って原因企業チッソにより水俣の海に流されました。公式確認の翌年である１９５７年、水俣湾を調査した熊本県は「湾内の魚が危険、食品衛生法の適用を」と厚生省（現厚労省）へ訴えます。

しかし、当時の日本の高度経済成長を下支えしていたチッソを擁護《ようご》した国、厚生省は、「水俣湾内の魚介類のすべてが有毒化しているという明らかな根拠は認められないので、食品衛生法を適用することはできないものと考える」との文書を返しています。以来、熊本県からは何のアクションもありませんでしたし、国から水俣湾や不知火海での漁獲に対して何らかの規制がされたこともありません。

１９５９年に熊本大学医学部水俣病研究班が有機水銀説を発表した時も、行政や御用学者らが何度も誤った情報を流し、原因究明を混乱させました。マスコミにも同じ事がいえます。

私は、この時期に危険だと知らされることなく魚を食べ続けた住民たちは、ひとり残らず水銀の影響を受けていると思っています。しかし現在まで汚染地域の住民の健康調査は行われたことがありませんので、その全体像はいまも分からないままです。

関西から相談に来られたこの方も、漁獲や摂取が規制されていれば、水俣病にならず生まれてきたかもしれません。

その後、身体の話をしました。メチル水銀は、体の中に入るとタンパク質や脂質《ししつ》と結合しやすく、栄養分と同じように内臓器官から吸収されていきます。脳の中枢神経を壊し、妊娠している女性であれば、胎盤を通過し赤ちゃんの体に侵入します。酒を飲んだことはないのに、生まれつき肝臓が悪いなどは水銀の影響とも考えられます。そしてこの相談者のような症状を引き起こします。

しかしメチル水銀自体は、時間が経つと体から排出されます。壊された脳組織や内臓器官だけが残り、後から血液検査やＭＲＩ、毛髪水銀値などの検査をしてもその原因を特定することは難しいのです。

原因が分からないまま体調不良を持ち続け、家族の理解を得られず、怠《なま》け者などと言われるケースもあり、自分を責める方もおられます。

昨日と今日来られた方々からも、「検査では異常はないのだから、こんなに体が辛いのは私の気のせいだ」、「メニエール病だと言われて薬を飲むけど治らない。家族に話しても辛いことを信じてもらえない」、「しびれが辛くて手術を受けたが治らなかった」、「昔、何度も流産するのは私の不養生《ふようじょう》のせいだと姑《しゅうとめ》から責められた」という話を聞きました。

ご自身の体がなぜ症状を抱いているかを説明すると、「俺のせいじゃなかった」と泣き出す方もおられます。

水俣病事件は犯罪です。水銀を流した行為そのものと、その後の放置が犯罪なのです。棄《す》てられた人たちは、今もここで暮らしています。

2013年

それぞれの真実を知っていきたい

昨日は坂本《さかもと》フジエさんの話を聞きに行きました。

相思社の設立に関わった患者の坂本フジエさんから私達へのメッセージは、「原点を忘れず、患者のための活動を」。

身の引き締《し》まる思いで帰ってきました。

坂本フジエさんが、次女しのぶさんを出産したのは１９５６年、公式確認の年です。同じ年に長女の真由美さんが発症、数年後に亡くなりました。その悔しさを抱えつつ、後の裁判で公序良俗違反で無効とされた見舞金契約に泣く泣く判を押します。３年後の１９６２年、しのぶさんは胎児性水俣病と認められます。フジエさんは１９６９年に原告のひとりとなってチッソを相手に水俣病第一次訴訟を起します。１９７２年には娘のしのぶさん、濱元二徳《はまもとつぎのり》さん、原田正純さんや宇井純《ういじゅん》さんらとストックホルムの国連環境会議へ参加し、「水俣病センター相思社」設立のためのカンパを呼びかけました。

相思社ができるまでは、患者が集まるのは決まってフジエさん宅。

個人の家ではなく、患者がいつでも安心して集える場所がほしい。差別や偏見から一時でも逃れる拠《よ》り所《どころ》がほしい。そして当時20歳前後の若い患者の働く場所も作りたい、ということからフジエさんたち患者はたくさんの支援者と共に国内外からカンパを集め、土地を探したそうです。

そうして１９７４年に設立した財団法人水俣病センター相思社。数年間は「認定患者のための」役割を果たしましたが、その後、いまも続く未認定患者の問題が浮上。その運動の拠点としての役割を求められるようになり、活動内容もシフトしていきました。未認定患者問題の根は深く、設立から40年近く経った今も未解決のままです。

認定患者と未認定患者、そして支援者の思いは少しずつずれていきます。もちろんそうならざるをえない大きなきっかけもあったのかもしれないのだけれど、それぞれの話を聞くと、お互いの小さな誤解もあったのではないかとも思います。その少しのズレの積み重ねが、同じ方向を向きながらも離れていったり対立したりすることにつながっていくのかもしれません。先日、北海道の友達、南川くんと電話で話をしたらアイヌでも同じ問題があるそうです。意外と他のところでも然《しか》りかもしれません。

いろいろな人の話を聞いていく中で浮かぶのは芥川龍之介の小説「藪《やぶ》の中」です。それぞれの証言は異なりますが、それぞれに真実です。唯一の真相を究明することに重きを置くのではなく、沢山の人の話を聞くことで、それぞれの真実を知っていきたいのです。

2013年

「今日ただいまから、私たちは国家権力に対して、立ちむかうことになったのでございます」

今日は午前中に3人の患者の方たちが相談に訪れました。

時間をずらして来ていただき、おひとり30分から1時間かけてお話をしました。それぞれに水俣病の症状をお持ちで、日常生活に支障をきたしている方です。この被害は、健康を失った人にしか分かりません。

＊

「しびれがきつかってですよ」

「頭が痛くて頭痛薬を朝1~2錠、毎日欠かさず飲まんとおられません。お医者さんにはやめたほうがいいち言わるっとですけど、飲まずには生きられんとですよ」

「耳鳴りは気が狂いそうになるときもあります」

＊

ある方の話は発展し、障害を持った息子さんに対する悩みに至りました。相談内容は線引きできるものではありませんし、すべきではないと思っています。

私に話したからと言って何も解決するわけではないですが、その人が抱える闇や悩みを少し吐き出せたならよいことと思います。

午後からは「水俣病第一次訴訟勝訴40周年パーティー」に参加しました。

参加者は、初期の水俣病患者や支援した市民（実は彼らも水俣病だったということが2010年代になって分かっています）、裁判に関わった弁護士・研究者、写真家などが参加しました。

この裁判を提訴した原告団の渡辺栄蔵《わたなべえいぞう》団長は当時「今日ただいまから、私たちは国家権力に対して、立ちむかうことになったのでございます」と宣言をしました。その言葉を初めて聞いたとき、私は少々大げさねと思ったのですが、原告の方たちおひとりずつの声を聞き、その言葉が大げさでもなんでもなかったことを知りました。

チッソ城下町で、差別や偏見の中で、声をあげることが今よりもずっと難しかった時代。公式確認から13年もの間、被害に耐え、隠れるように暮らしてきた患者の人たちの思いは、この裁判で溢《あふ》れだし、多くの人たちが水俣病事件という犯罪を知るきっかけにもなりました。

この裁判の過程で、「チッソに対して矢を射《い》た自分たちが、裁判に勝ったところで地域で生活を取り戻すことは難しい、台風のときの逃げ場のような場所がほしい」という患者たちの不安の声があがりました。

原告の濱元二徳《はまもとつぎのり》さんの言った「じゃなかしゃば」と、石牟礼道子《いしむれみちこ》さんの言った「もう一つのこの世」を水俣に作ろうということで持ち上がったのが「水俣病センター相思社構想」でした。私にとっての「もう一つのこの世」は、生きづらさを抱えた人や社会的少数者が、安心して迷惑を掛け合い、いきいきと生きていける場所。

「裁判に勝つと更に自分たちへの風当たりが強くなり苦しくなる」と考えた初期の患者と、今声をあげた患者の想いを大切にしながら、現在の活動につなげていきたいと思います。

2013年

「息子に蹴られた背中が痛くて痛くて」

水俣の海岸部に住む方からの相談。

息子は身体が弱く、生まれつき水俣病特有の症状もある。しかし公害健康被害の補償に関する法律による水俣病として認定される対象年齢（1968年12月31日生まれまで）よりも若い。認定されないことは分かっている。

相談者は40年以上前に漁業の夫に嫁いだ。夫の両親は水俣病として認定されたが、自身と夫は棄却された。しかし1995年に「私たちの水俣病はこれで終わり」と思い、政治決着の対象となり医療手帳を手にした。直後、夫が身体を壊した。

息子は身体が弱く仕事が続かない。自身も弱っていく中なんとか働いてきたが、ここにきて仕事ができなくなった。

さらに息子が糖尿病を患《わずら》ったのは、母である自分の味覚障害のせいだと信じている。認定基準の対象年齢より若い息子は、身体が弱いこと、働けないことのキツさを母にぶつける。

「息子に蹴られた背中が痛くて痛くて……」

水俣病とは関係のない話も沢山ある。昔のことも鮮烈に覚えていて70年分の苦しみは激しく重い。

水俣病の相談なのに、今日のように直接は関係のない話がでることは少なくない。数十年続く夫からのDV、昔に受けた性的虐待《ぎゃくたい》、躁鬱《そううつ》の夫の対応、寝たきりの両親の介護、ひきこもりの子ども、生活困窮《こんきゅう》……。水俣病とその他の相談はそんなに簡単に分けられない。一度話を聞いて安心したり、落ち着いてもらうことも大切だ。そして、どこかの機関を紹介したり、一緒に足を運んだりする必要だって、時にはある。

この時代、世の中には様々な団体がある。それぞれは、細かく分かれて、各団体は「まったく違う人どうし」と思っているところが私にもあるけれど、根はみんな同じ。だから繋《つな》がりあって、分けず、切らず、包括的に問題を受け止められるような、そんな場所が増えていくといい。もちろん問題の解決には専門家が必要で橋渡しも必要だけれども、まずは苦しみが吐き出せるなら、どこだって、なんだって、いいと思う。

2013年

一歩進んで二歩下がる

今日は近所の老夫婦のところへ行き、同居の胎児性水俣病患者の息子さんの物の片付けを手伝う。この家庭にはこの7年、定期的に通っている。息子さんとは、最初は話すこともままならなかったが、いまは毎日もらう電話で少し話をしたり、手紙もくれるようになった。

他人にはゴミにも見えるものが、この息子さんにとっては誇りとなる宝物だ。おかげで部屋は片付かない。息子さんは、宝物を親にもヘルパーさんにも触れさせない。「どうにか息子を説得してくれ」と頼まれたのが2014年の春のことだった。

その後、息子さんと宝物の扱いについて相談を重ねた。訴えを聞いていくと、ひとつひとつに強い思い入れがあって、涙がほろり、ほろり。

でもこの宝物、日々増えるもの。このままじゃ床が抜けるかもしれない……。年末になり、「年明けに作業に取り掛かろう」という結論を見い出せた。相思社会員の方から「コンマリ(近藤麻理恵)さんの片付け術がいい」と教えてもらい、正月休みに私も勉強をした。「ときめくもの以外は処分」と書いてあったが、恐らく全てのものに「ときめく」だろう息子さん。

年が明け、息子さんの周りにバリアのようにして置いてある宝物を厳選し手渡してもらい、少しずつ運び出した。

物がなくなると、息子さんとみんなの物理的距離は近くなり、私にはそれが心の距離のようにも思えた。

3月、お母さんが入院した。そのことで息子さんの精神状態も不安定になり作業は中断。日常が戻ってくるまでにまた話し合いを重ね、ようやく先日片付けをしようとの結論が出たところ。宝物はまた貯まっている。一歩進んで二歩下がる。そんな日常を、楽しんでいこう。

「チッソを潰す気か」

先ほど来られた患者の方は2回目の相談です。

「世間体《せけんてい》が気になって、いままで声をあげなかった」といいました。前回は、体調の話、人生の話を聞きました。いままでどんな病院にかかっても原因不明と言われ、「体、キツかったですね」と言うと、「家族もいない、兄弟もいない、こんなこと話せるところがないんです」と言って泣き出しました。

「このあいだ、世間体が気になって声をあげられなかったと言っていたけど、具体的に、どんなふうに世間体が気になったんですか？」「水俣病患者に対してどんなふうに思っていましたか？」と聞いてみました。「惨《みじ》めか、病気ですよ」と返ってきて、胸が苦しくなりました。

今日の場合に限りませんが、水俣病をどう思っていましたかと問うた時、恥ずかしい病気、貧しい人・よそ者の病気（最初に発症した人々は、水俣への移住者でした）、カネ欲しさ、チッソを潰《つぶ》す気かと思っていた。そんな言葉が出てきます。自身が患者として声をあげようという時に、そういった気持ちが拭《ぬぐ》いきれず、結局誰にも言うことができずにいたという人もいます。反対に、「かわいそうに」と思っていた人もいます。家族が認定患者で、その看病や周囲からの差別で辛い思いをしてきた人もいます。

企業や政府、御用学者やマスコミによって原因究明は混乱させられ、不知火海全域の漁業協同組合の排水停止を求める運動や、患者や家族でつくる水俣病患者家庭互助会の補償を求める運動はチッソの存在を脅《おびや》かすと捉えられ、抑圧を受けました。漁民と患者たちは、企業と行政の施策によって生み出された「水俣病は終わった」という空気の中、身を隠すような暮らしを強いられました。

68年、政府の公害認定によって原因企業がチッソだと分かった後も、市民の患者に対する冷たいまなざしは変わりませんでした。

チッソを大切にするあまり、要請されたわけではなくても「チッソはこうしてほしいはず」という前提でものを考え、行動した市民は少なくありません。他人の心を推《お》し量《はか》る、日本人の良さとも言われてきたこの空気が、水俣のさまざまなところに悪い形で蔓延し、水俣はものを言えず何かを隠す後ろめたい重苦しい感覚に、長い間とらわれてきました。「水俣病」という言葉をタブーにしてしまった、何かを隠す、後ろめたく重苦しい空気を入れ替えることが、今の水俣の課題だと思ってきました。

先日東京で、「過去に戦争で犯した責任や罪に対して、高齢の人がやったことだから、もう追及はしないという考え方がある」と聞きました。でも、彼ら自身が罪に向かい合わないことのツケは、必ず次の若い世代が被《かぶ》ることになります。見ないふりをして無かったことにすることは、同じことを繰り返すことにつながります。

水俣病も同じことだと思います。患者や関係者が生きている間に向かい合い、これまで蓋《ふた》をされてきた水俣病事件を問いたい。語られない事件の蓋を開くことができるのは、経験していない私たちのような存在かもしれないと感じています。

水俣病は惨めな病気ではない。見苦しくも、恥ずかしくもない。自らが患者となることで、これまでの加害や胸に抱いてきた気持ちと向かい合い、「惨めではない」と思うことが、ご自身たちの救いにも、なるのではないかと思っています。

2016年

寝た子を起こし続ける

今日は仕事始めでした。3人の患者の方がいらっしゃいました。午前中の方は遅めに来られたので一緒にランチ。体が辛い中での子育てや、仕事を頑張っています。午後から来られた2人もそう。皆さん小さい頃から水俣病の症状に悩まされてきました。小学校の頃から、吐くほどの頭痛、めまい、手足のしびれ、からす曲がり(こむら返り)、手足の感覚のにぶさ、耳鳴り、つまずきやすさ、体のだるさ……。

それが日常と化した生活です。お正月もやっぱり辛い体を押しながら迎えて、症状を笑って話します。しかし、この人たちの辛さ、彼らがそのなかで見つけた希望や強いられた強さを、分かったような気になったり、簡単に捉えることはしたくありません。

この方たちから教えてもらうことを胸に落とし込んで、そして発信します。ときどき飲みこまれそうにもなるけれど、それでも諦《あきら》めず、今年も寝た子を起こし続けます。

２０１６年

第6章

〝私〟が当事者だ

ではどんな償いが あるのだろうか

今日の患者相談。不知火海《しらぬい》の海っぷちの貧しい家で生まれ育ち、水俣病公式確認の直後に発症したお兄さんを看《み》ながら大きくなった方の口からいま溢《あふ》れだす言葉。

＊

昔は燃料はぜーんぶ木やったけん、家族で山に焚《た》き木ば取りに行く。兄は重かとば、かろうて（重いのを背負い）、私はこまんかとば（小さいのを）、かろうて。

ある時から、兄が転ぶようになったとです。母が「兄ちゃん、もうよかよ」て言うと、悔しかってでしょうね、兄がわーっと泣いて。それからはこまんか荷物ばかろうてもらいよったです。

掃除が好きな兄は我が家の家具や板間をピカピカに磨く人でしたけど、雑巾が絞《しぼ》れんようになって。それからは寝た状態でした。父と母は働きに出らにゃならん。弟たちはまだ小さい。私がずーっとお守《も》りばしとりました。

頭が変になった兄がタンスに入ってる樟脳《しょうのう》ば食《た》ぶっとです。すっと下痢ばすっでしょう。私が始末をしてやらにゃいかん。椿油《つばき》をヤクルトの容器に入れておくとそれを飲む。すっと吐くとですよ。私も遊びたい盛りですがね。どうしようもなくて兄ば叱《しか》るわけですよ。そうするとね、兄から嫌わるるわけですよ。私も言いたくて言うわけじゃなかっですよ。買い物に行くのも私の役目でしたもん。店に行って買い物ばすっとしゃかな、店の人が中からにゅーっとうちわば出してくっとです。私はその上にお金ば置く。そうすると、店の人は品物ばバーベキューなんかで使う火バサミで掴《つか》んで私によこす。

子どもながらに、なんで私がこぎゃんされなんとかなと思いよりました。うつる病気なら真っ先に私がうつるとにと。毎日兄のお守《も》りばしとるとは私ですもん。

＊

水俣病は1956年公式確認当時、小さな集落からたくさんの患者が発生したことから伝染病として扱われ、隔離病棟で過ごすことをよぎなくされた。しかし1957年には熊本大学医学部研究班がすでに「伝染病ではなくある種の重金属中毒」と報告し、1959年には有機水銀説を発表した。

しかし水俣市は、市民に対して「水俣病は伝染病ではない」ことを伝えなかった。そのことが差別を更に広げていく結果となった。

＊

家が貧しかったけん、学用品なんかはお下がりがくればその年は良か年。だけど学校は好きで毎日行きたかった。

昼休みになると忙しかってですよ。私は兄にご飯ば食べさせる役で、朝の授業が終わったらみかん山の中ば一目散に走って家に帰って、兄にご飯ば食べさせて、そして自分はカライモ（サツマイモ）ば引っ掴んで学校に戻りながら食べました。

一度だけおばさんに呼び止められて、「なんばしよっとね」と言われて、「兄ちゃんに飯《めし》ばくわせ（食べさせ）行くとです！」と言ったとば覚えとります。

チッソ前の座り込みも私が行きましたよ。恥ずかしかったも恥ずかしかった。親は現金収入ば得んばんけん、働かんばんでしょう。私が行かんばん。私も兄の治療費が欲しかがね。それで座り込みばしました。大人たちの中で子どもが、下ば向いて座りました。

＊

患者家庭互助会の座り込みは、１９５９年11月に始まった。患者やその家族はチッソに補償を求めたが、それを拒否され、水俣工場正門前で１カ月に及ぶ座り込みをした。社会的に孤立無援の状況にあった患者やその家族にとっては、県知事ら権威者たちの調停を受けるしか道はなく、チッソとの「見舞金契約」を結ぶ。

見舞金契約には「今後水俣病の原因がチッソにあることが分かった場合も新たな補償金の要求は行わないものとする」という文言《もんごん》が記された。契約調印と同時に、社会的には水俣病問題は終わったものとされ、その後1968年まで闇に葬られ、その間も水銀を含む廃水は海に流され続けた。

＊

兄が病気になる前は幸せでした。野いちごば取って炊《た》いたり色んなもんば塩漬《づ》けにしたりしてね。そらそら幸せでしたよ、病人のおらん、幸せですよ。私はカキを獲るのが村で一番上手で、村の人たちは大潮の日の潮が引いた夜に灯《あか》りを灯《とも》してカキを獲りよったですけど、私はお金がなかったもんで、松の木を松明《たいまつ》にして燃やすとです。これがよう燃ゆっとですよ。

カキを獲ったあとに、カキ殻《がら》が身に付かないように剥《は》がすのも私は得意で、それを山手《やまて》に売りに行っていました。だから、山間部には患者はいないなんて最初に県が言うたのは、あれは違いますよ。私は証言してもいいと思っとります。

私も水銀が体にきて、きつうして定年までは働けんかったです。働きたかったですけどね。今は別の兄ば介護しとります。

私たちのことばイジメた人たちが先に認定されていくでしょう？　だけど私はいまも認定されんまま。歯がゆかですよ。私もね、しゃべりたいんですよ。

＊

泣くでもなく、淡々としゃべるこの人を前に、認定が全てではないと思いながら、ではどんな償いがあるのだろうかと、返す言葉が見つからないままに頷《うなず》き続け、一言も聞き漏らしたくないと思い言葉を聞き、ここに綴《つづ》る。今日私が聞いたことを。この人が今日まで静かに生きてきたことを。

2016年

「仕方んなか。食べるもんが、なかったもね」

ここ1週間、心配な人がいる。

家に行くと「永野さん。おれはいつまで生きらんばんとかな。こぎゃんきつか身体で。こげんこと言いたくはなかばってん、もう死にたか。ご飯も、もういけん（食べられない）」。強がりで肩で風を切って歩き、ヘルパーも入れずひとり生きている。そんな人の弱音を聞くと、ちょっとやるせない。

普段この人が語るのは、昭和30年代に水俣病を発症し、幼くして亡くなった弟さんのこと。一番汚染がひどかった時代に自ら魚をとって食べ、また弟に食べさせ発症させたことを悔いながら、「でも仕方んなかったもんね。食べるもんが、なかったもね。美味《うま》かったもね、ははは っ」

と笑う。

この週末に少し落ち着いて、昨日の夜、そして今日の昼に持って行ったご飯を口にしてくれた。食べたくないご飯、明日も、食べてくれるといいな。

そらで言えるくらいに何度も、でも何気なく聞いてきた男性の話。あらためて綴《つづ》ろうと思う。

2016年

〝私〟が当事者だ

患者のお子さんからの電話。彼は30代の終わりだろうか。

＊

息子　「母は伯母《おば》さん（母の姉）を頼って、就職のために水俣から東京にきた。それ以来、ずっと東京に住んでいる。僕は東京で生まれた。子どもの頃に祖父母のいる母の実家に遊びに行ったけど、その水俣と『水俣病』は結びつかなかった。小さい頃から母の体調不良を見ながら、不安だった」

＊

数カ月前に彼のお母さんからの電話で聞かせてもらった話。

母「幼いころからよく水俣湾で泳いだ。中学生になると友人たちと伝馬船《てんません》で近くの島に渡っては釣りをした。きびなごがよくとれた。船の底に潜《もぐ》っては遊んだ」

楽しげに語り、「懐かしいなぁ」と呟《つぶや》く。

母「体がすぐに麻痺《まひ》する。疲れやすい。頭がボーっとする。いつも調子が悪く、特に手足がしびれる。もう、歩けない」

私「今までよくやってこられたですね、きつかったですね。水俣病の激発地で生まれて、こんなに症状を持ち、どうして今まで声をあげなかったですか」

母「ずっと言いたかった。お宅のようなところに連絡したかった。でも見つからなかった」

*

そこからやり取りが始まった。認定申請の手続きを希望されたのでかかりつけのお医者さんへ行っていただくようにお願いした。しばらくして、ある病院の医療事務の方から電話があった。どうしても医者が診断書を書いてくれないという。私も幾度となくその方とやり取りを続けたが、結局医者を説得することはできなかった。2カ月後の昨日、今度はお子さんから電話があった。

＊

息子「母のきょうだいたちに電話して、聞いてみたんです。そしたら母が出て行った昭和40年代からあと、何人かは認定されたり何かの補償を受けていました。いとこだって何人も認定されている。電話口で母のきょうだいたちが、『何も補償されていないの？』って驚くんです。教えてくれなかったじゃないかって思います。それに東京にいたら情報なんて全然来ない。母はただ原因不明の病で悩まされていた。母は家族にチッソの人間がいるから、ずっと遠慮もしていたみたいです。テレビでも『水俣病の裁判がありました』というのは少しあるけれど、自分たちのことではないという感覚がありました」

　私がお母さんから電話をもらった時、彼女は情報を求めていた。けれど一番近い水俣の家族には、ひとつも相談はしていなかった。こういったケースは多い。

＊

息子「母は相思社から話を聞いて、すぐに僕に病院に連れて行ってほしいと言ったんです。だから連れて行きました。でもね、どこへ行ってもお医者さんは診断書を書いてくださらない。普段見てくださっている主治医の先生ですら、ダメなんです。ただ症状を書いてくれさえすればいいと言っても、何をするための診断書かと聞かれ『水俣病の手続きを』と言うと『私には書けない』『関わりたくない』と言って断られるんです。もう疲れました」

＊

息子さんからはお母さんから聞いていない話が出てきた。症状に関すること、幾つもの病院を巡《めぐ》り理不尽《りふじん》な目にあったこと。本人語りからは得られない情報を知ることができた。そして彼女を分かりたいという者同士で話ができて、嬉《うれ》しかった。家族に病気のことを理解してもらえたことも良かった。

水俣病は教科書の中の物語ではない。それを見た人、知った人にとっても、考える人にとっても、決して共通のものではない。患者ひとりひとりにとっての水俣病があり、そして知ろうとする私たちひとりひとりの水俣病がある。ひとりひとりの「私」が当事者だ。

２０１６年

「辛かったというよりも、もう精一杯ですよ」

正午ちょうど、6日間の東京出張を終え水俣に着いた。昼食を食べる間もなく13時、患者の方が予約なしで2名来訪。日常が戻ってきた。

パンをつまんで集会棟和室へ行って3時間。溢れ出る話。

水俣病激発地域に生まれたこの人は、中学を卒業して関西に働きに出たが学校から内申書が送られていて、出身地を理由にいじめられた。その場にいられなくなって水俣に戻り、ほとぼりが冷めた頃にまた別の職場に就職して同じ目にあった。

「お辛《つら》かったでしょう」と聞くと、「辛かったというよりも、もう精一杯ですよ。生きていかなきゃ、しっかりしなきゃ、頑張らなきゃ、となんとか自分を奮《ふる》い立たせてね」

話のなかには身体の辛さの話もあったけど、随分経《た》ったいまになって、話をしに相思社の坂をのぼってくることに、その傷の深さを思う。受けた傷は、何十年経っても癒《い》えることない。鮮明に思い出され、語られる。「いじめ」というと流されてしまいそうだから、「虐待《ぎゃくたい》」としたい。この人たちは社会から常に虐待を受けてきた。私たちはその社会を構成している。

当時の話を彼らは昨日のことのように語る。これを引き受けるのは水俣市民として、自分の当たり前の仕事だと思う。だけど私の手に余ることでもある。

その人が帰り際、車に乗る直前に言った言葉にどきりとした。

「相思社なんてな、あた（あなた）がおらんば、怖くて近寄れんかったばい」

私は今回の出張で「頑張らなきゃ」と空回りし、相思社の縁で出会った水俣病を真摯《しんし》に考える東京の親友を傷つけ、大切な人を失うことの恐怖を知った。それがたとえ正しいことだったとしても、それによって傷ついた人がいることや「怖い」という感情を抱かせたことは事実だ。怖い場所であることは、あるときには必要で大切だけれども、それを向ける相手を、間違わないようにしようと思う。

2016年

ここに私はいる。けれど、彼女は宙に向かってしゃべる

夏の朝、不知火海の漁船の上で、なんとはなしに始まった話。

＊

「今日みたいな暑い日でも船の上はね、外よりも家の中よりも、涼しいのよ」と漁師の女性が教える。本当に、風がよく通る。彼女の顔や首は漁をしない私より白い。ツバが広く首を覆《おお》う

布が付いた帽子に効果があるのだろうかとぼんやり考えていたら、黒く陽《ひ》に焼けた厚い手の甲をさすりながら、ポツポツと話し出す。

水俣病によって引き起こされる頭痛、身体の痛み、病気で失った子どものこと。

＊

昔水俣病の運動に父ちゃんば取られたとき、必死で子どもたちば育てた。叱らんちゃ良かとば叱って、かわいそか思いばさせた。子が、十《とお》（10歳）にもならん内にうっちんで（亡くなって）。力一杯抱きしめてやればよかった。

その日から、緑の山が灰色に見えて。他の子がおっとに（いるのに）、親の私がひとりで立っときさらんごてなった。

何十年も前のことを昨日のことみたいに話す。静かに、泣きながら、時々汚れたタオルで顔全体をぬぐう。ここに私はいるけれど、彼女は宙に向かってしゃべる。

子どもが病気になって生まれてな、食べ物のことば考えるようになった。野菜にもみかんにも、農薬ば、毒ば撒《ま》くていうことがどげんことか。水俣病は食べ物の病気じゃもん。

＊

親や子の仇《かたき》を取りに出た夫、そしてこの妻の悲しみはどこへ向かうのか。普段、人のかげに隠れているこの人の、ずっしりと重い気持ちを初めて聞いた。私はこの人たちのことを本当に知らないと思う。

2016年

「もう自分を責めなくて、いい」

何度か相思社に来ている妹さんに連れられてお連れ合いと一緒に、今日初めて来た男性。こたつに入って向かい合うと、両脇から妹とお連れ合いが機関銃のように喋《しゃべ》る。

「兄が体調不良を抱えているなんて知らなくて。義姉《おねえ》さんから聞いて初めて知りましたよ」

「夫はいっぱい症状を持っていたのに、私には辛いと言わないんです。仕事から帰ったら死んだように寝てしまうことを責めてきました。おかしいと思いながらですね。でも倒れたり入院したり、オオゴトになって分かってきました。ときどき吐いていたのもめまいのせいでした」

*

男性の話

・自分の父は自営業の傍《かたわ》ら漁をしてその生活を支えた。イワシを捕り過ぎて捨てたこともあるくらい、当時の海は豊かだった。

・母も毎日、目の前の海でビナ（貝）をとってきて自分に食べさせた。母のビナは美味しくてたまらなかった。今も口の中に味が蘇る。
・だけど年齢を重ねるごとに自分の味覚は無くなった。もうほとんど味と匂いがしない。なんとも言えないあの味を二度と味わえないことが悲しい。
・仕事の時間は気を張っているから症状を感じないけれど、家に帰るとぐったりと疲れて何もできなくなる。夜中に足がつって起き、30分もその痛みと闘わなければならない。そのうちにもう片方の足もつってますます眠れなくなる。頭痛に悩まされ、時にはめまいで吐く。手のしびれがあり、物をよく取り落とす。焦げた匂いが分からないため火事を起こしそうになった。これらの症状で病院にかかったが、どこへ行っても原因不明。
・自分がこれからどうなっていくのかが不安。自分の体がなぜこうなったかを知りたい。これからどうしたらいいのかを考えたい。

＊

話し合いの結果、まずは水俣病に関して経験を積んだお医者さんに診察をしてもらうことにした。

「今まで大変でしたね」と声をかけると、妹さんが「この前、私にも『大変でしたね』と言っていただいたでしょう？　その時に張り詰めていた糸が切れたような気がしましたよ。本当に、私たち兄妹は大変だったんだなと思います。もう自分を責めなくて、いい」
水俣病の歴史や、胎児であった男性の体を有機水銀が侵《おか》した経緯、症状のケアの仕方についてお話をしたけれど、なかでもお連れ合いが興味を持ったのは、魚の体に入った有機水銀が無味無臭で、煮ても焼いてもその水銀値は変わらないということ。熊本県外で生まれ育ち今もそこで暮らすお連れ合いは、夫が水俣病かもしれないという話を聞いて、「変な魚を食べた人にも責任はある」と思って責めたという。魚の体の表面に「水銀入りです」と書いてあるわけではない。食べても嗅《か》いでも分からない。そんな怖ろしい毒をそうと知らずに、またはほかに食べるものがなく食べ続けたことを知った妻は驚いた。人は食べずには生きていけない。食べることは生きること、水俣病の原因はその幸せな食卓にある。

２０１５年

「チッソも国も県も、
俺と約束したがな」

入院中の水俣病患者Sさんの見舞いに行った。よく冗談が出たので「元気、元気！　口が元気でホッとしましたー」と言ったら、「おら(俺は)、こげん元気だけん認定されんじゃったたったいなぁ」と言う。

Sさんは、1970年代から「自分を水俣病と認めてくれ」と認定申請をしたが認められず、1995年の政府解決策が出されたときに、「納得しきれないけれど、認定されないよりマシ」と苦渋の選択をした。

私は、Sさんは認定された人と同じように水俣病患者だと思う。それをどう伝えようかと思っていたら、「政治決着に乗った後、何人も認定されとるがな。あのとき悩んで悩んで出した、泣くごたる決断は一体なんやったや。これで終わりち、チッソも国も県も、俺と約束したがな」と95年の解決策の話をとつとつと話し始める。

「俺と約束したがな」。政治決着は、患者団体と政府・企業との約束である一方で、個人との約束でもあるのだと気づき、自分の認識の浅さを思う。

＊

「水俣病患者とは誰か」は、相思社の機関誌「ごんずい」で2011年に扱った特集で、原田正純さんのインタビューと、患者3人、支援者1人の座談会を収録している。この記事をいま改めて読みながら、同じ水俣病患者が、見舞金契約の対象になった人、1971年環境庁採決で新認定患者になった人、申請しながら認定されぬまま亡くなった人、裁判原告、水俣病患者とは認められない1995年の政府解決策の対象者、2009年2度目の政治決着・特措法の被害者手帳の対象者、認定申請者、と制度によって分断されていく。

認定を受けた患者がいる一方で、水俣病を終え（断念せ）ざるを得なかった人、結果的に「裏切られた」と感じている人たちの気持ちを考えてみる。

1995年の政治決着に応じた近所の男性が何年か前に通勤途中の私を呼び止め言った。「水俣病がせっかく終わりかけよったとに、あいつが認定されたけん、また盛り上がり始めたがな」

苦くつぶやく男性に、私はあの時「おじちゃんだって医療手帳持ってるじゃない。闘わざるをえない人のことを、どうしてそんな風《ふう》に言うんだろう。闘う人の気持ちをおじちゃんに伝えたい」と思った。でも、もしかすると「おじちゃん」はもう十分に闘って、そして自分自身と決着を付けたのかもしれない、といまさらのように思い当たった。それは誰にも分からない。想像するのではなく、今度思い切って、聞いてみようと思う。

人の話は、何年もかけて、何度も何度も聞いていかねばならないと思う。未熟な自分が経験を重ね、違う視点から同じ物事を見られるようになるかもしれないないから。そして相手も同じように、同じ物事を違う視点から見るようになっているかもしれないから。

私の中での水俣病は、尽《つ》きることがありません。水俣病患者とは誰か、そして、水俣病の終わりとは何かを、また考えています。

2016年

幸せな暮らしの中で起きた事件

「俺の存在を認めてほしい」とは、時々相思社にみえるTさんの口にしたこと。

お連れ合いにも子どもにも水俣病の話はせず、相思社に行くことも言わない。やってくると、本人曰《いわ》く「堰《せき》を切ったように」水俣病の話をする。何度会っても、初めて聞く話が出てくる。

Tさんの記憶は不幸なものばかりではなく、食べることと繋がっていたり、貧しい暮らしの中の驚くような豊かさだったり。聞いているこちらが幸せを感じることもある。

「水俣病の話は他所《よそ》ではできない、ここだからできる」という言葉は切ない。

「認定申請をしていた時は、認定されたいという気持ちと、水俣病になった家族を抱えて、一家で集落に差別された記憶がよみがえって、認定されたくないという気持ちとのはざまにいました。だから、何度目かの棄却の通知がきて、諦《あきら》めようと決めたとき、本当は、ほっとしたんです」と語ってくれた。

＊

表立って水俣病の話はできない。もう水俣病に認められようとも思わない。だけど、俺の存在を認めてほしい。兄さんが水俣病になって、一家でいじめられて、こんな子どもがいましたということを、俺がこんな気持ちでいたんだということを。でもね、語り部《べ》なんかにはなりたくない。表に立ったら連れ合いにバレるでしょう。嫌われるでしょう、子どもたちも嫌な思いをするでしょう。でも俺は、俺の存在を認めてほしい、知ってほしい。だから、裏で、陰で、あた(あなた)達の活動を応援させて。

俺の存在を認めてほしいという一言で、私の心はいっぱいになりました。

*

2017年

水俣病かどうかを知りたい。それだけで良い

電話相談があった。県外に移住した50代。2年位前にしびれが現れ始め、自分が自分でないような感覚に陥《おちい》った。夜も途中で起きると体がおかしくなって眠れず、誰か止めてくれと叫びたくなり、頭がおかしくなりそうだった。

身体の異常は続いた。医者に行ってMRI検査をして、脳を調べたり、癌《がん》の検査をしたり、思いつくことはやったけど原因は分からない。悪いところはないと言われるが、手の震《ふる》えが出

てきた。味噌汁のお椀を持つとき手が震える。

伊勢神宮に行って祈った。

「境内には大きな杉があって、抱きつくと病を吸い取ってくれる」という話を聞いて抱きつきに行った。それでも良くならなかった。

友達に症状を話したら、「水俣病ではないか」と言われた。冗談かと思った。「俺は鹿児島県の出身なんだから水俣病は関係ないと思っていた」と。

確かに水俣病は、熊本県内の工場から海に流れ出た水銀によって発生した病気だ。だけど、海に境はない。認定患者の3分の1が鹿児島県出身者というのもうなずける。鹿児島県には「もらい公害」という言葉がある。「水俣病は隣県の公害で、鹿児島は当事者ではない」との意識が見え隠れする言葉だ。

「自分は魚釣りが小さい頃から好きで、家族で魚ばかり食べていた。そして、母も自分と同じ症状を持っていた。子ども心に、おばけでもくっついているんじゃないかと思っていた。子どもの頃は母が水俣病だとは思っていなかった。自分が水俣病かどうかを知りたい。それだけで良い」

2016年

「私はニセ患者じゃなかっぱい」

今日は患者さんたちと忘年会。お互いに患者であることを明らかにした方たちが集います。共通点は未認定。自らが患者であることを自覚して認定申請をしたけれど、行政からは患者と認められなかった人たち。そして、認定申請も医療手帳の申請もしたことがなく、２０１０年以降に被害者手帳を受け取った人たち。

今回は、複数の方たちから同時に競うように話しかけられる、という場面が何度もありました。頭の中で必死にメモを取ります。

Uさんが「永野さーん、私はニセ患者じゃなかっぱい」と声をかけてこられます。

この人は若い頃から料理を仕事にしていましたが、水銀の影響から味覚が低下してきたため、その仕事を辞めました。当時、「いま私がどげんキッかか、分かるね？」と聞かれ、分からないけど分かりたいと思いながら、何も答えられなかったことを、会うたび思い出します。

その人が、「足の指の感覚のなか」「足の先の骨が曲がってきよる」「お医者さんの、これは水俣病じゃっち言ってくれらしたと」と半ば嬉しそうに、「やっぱり私はニセ患者じゃなか」と言います。

Vさんが隣から「からす曲がり（こむら返り）のひどなってな、手の感覚のなかったいな。洋服のボタンも止められん。上からかぶる服しか着られんもんね。足も痛か、からす曲がりも頻《ひん》繁《ぱん》じゃ、感覚もなか、しびれもある。いまなら認定さるっじゃろな」と声をかけてこられます。
「こげん体で、漁もやめよごたるけど、漁ばやめたら、あたしはあたしじゃなくなるもんな。お金の問題じゃなかったい」

子どもの頃から漁をしてきたこの人にとって、水俣病が彼女の集落を襲ったときも、その後も、海は変わらず生活の場であり、生命をつないでいるのです。一時期は水俣の海で漁ができないということで、他県まで出かけたけれど、それでも漁をやめようと思ったことはないそうです。

「ニセ患者」とか、認定とか、それらの言葉の意味を考えていると、また向こうから「からす曲がりにはバナナが良い」とか、「漢方薬の68番がからす曲がりに効く」とか、「あそこの鍼《はり》はだめじゃ」とか、そんな声が飛び交《か》います。賑《にぎ》やかな場所で、互いの辛さや病気の話をする患者の人たちを見ることが、関わる私の救いです。

2017年

［追記］

国は、患者の発生はチッソが廃水を止めた68年までとしています。しかし、この見解には明確な科学的な根拠があるわけではなく、69年以降生まれにも、水俣病の症状を持つ人がいるという調査結果を、藤野糺《ふじのただし》医師らが発表しました。朝日新聞が69年以降生まれの患者について特集をし、その記事の中で、環境省特殊疾病対策室の原徳寿《はらのりひさ》部長の発言は現代のニセ患者発言とも言えるものでした。

「受診者がうそをついても見抜けない」「不知火海沿岸では、体調不良をすぐ水俣病に結びつける傾向がある。あそこでは、医学的に何が正しいのかは分からない」

（2009年7月16日付朝日新聞より）

「69年以降生まれのへその緒に水銀値が高い例があるというが、原因は魚かどうかわからない。…母親がクジラ好きだったのかもしれない。クジラのメチル水銀値は高いから」「健康調査を求められても、当時の（水銀）曝露《ばくろ》状況がわからない以上、チッソが出したメチル水銀と症状との因果関係は証明できない」「69年以降生まれで認定申請中の二百数十人も、うそだとは言わないが、医学的にはヒステリー性とか、心因性とかある。だが、ちょっと（水俣病だとは）考えにくい」「昔から言われるのが、診察時に針で刺されてもわからないふりをする詐病《さびょう》」「何らかの神経症状があれば医療費の自己負担が補助される新保健手帳も魅力的なはずで、近年急増した。金というバイアスが入った中で調査しても、医学的に何が原因なのかわからない」

（2009年7月17日付朝日新聞より）

地道に科学的成果を積み重ねようとする研究に、思いつきでケチを付ける環境省。この構図は、59年7月の熊本大学医学部の「有機水銀説」に対する東京工業大学教授の「有毒アミン説」を彷彿とさせました。

ニセ患者発言として有名なものは1975年の熊本県議会議員によるものですが、それ以前から現在に至るまで、地域住民や政治家たちから未認定患者運動に対して常時なされてきました。「お金目当てに水俣病のふりをする」「診断に際してウソの申し立てをする」「水俣病のくせに元気に働いている」等々と、未認定患者に対する偏見・差別としてニセ患者という言葉は使われていました。「水俣病」は医師による診断によってではなく、認定審査会という県の組織に認定・棄却・保留の業務が委ねられたことによって、水俣病はイメージの病気として扱われるようになり、同時に未認定患者運動に反感を持つ人々のあいだに、ニセ患者という言葉が権威化していきました。

明るく賑《にぎ》やかに、でも時に苦しげに

仕事始めの今週は、朝8時15分の患者相談から始まりました。水俣病の母を持つ、そして、いまになって自身の症状が水俣病かもしれないと気がついた姉妹。50歳になろうかとする姉妹の幼少期の話を聞きました。

父が何かに取り憑《つ》かれたように発作を起こすとき、叫ぶとき、子どもの自分たちを襲う「これからどうなっていくのだろう」、「父は死ぬのだろうか」といった不安を、姉妹は独特の語り口でありありと、互いに言葉を補《おぎな》いながら、とてもリアルに語ります。祖父が持つ船で水俣湾へ出て漁をするときの、大変だけど愉快で美味しく楽しい思い出を振り返ったかと思うと、自分たちを幼少の頃から苦しめてきた、でも医者からは相手にされなかった症状のひとつひとつを口にします。明るく賑やかに、でも時に苦しげに。胸が潰《つぶ》れそうになるというのはこういうときに言うのだなと思います。

2017年

引き受けなければならなくなったことの数々

慌《あわ》ただしい時間が過ぎて、あっという間に今日も夜。今夜は患者の方の家で夕飯にお呼ばれでした。

夕方6時から約4時間。かつて社会から受けたいじめ(私はもうこれって社会からの虐待だと思いました)、空気のようにして生きるしかなかったあの頃、水俣病であることを人に打ち明けるまでの葛藤《かっとう》、そしていまこうして口に出したことで少しだけ、心が楽になって、でも口にしたことで引き受けなければならなくなったことの数々。そんなことを延々と話しました。

2017年

私は何ができるだろうか

朝の9時。携帯電話がなりました。東海地域にお住まいの方からでした。

＊

小さい頃からスポーツ万能。運動神経は学年でも常にトップクラスでしたが、中学生の頃、マラソン大会で途中までダントツの1番だったのに、突然足がつりそうになって立ち止まり、また走って立ち止まり。結局それを繰り返し2位になったことの悔しさを語ります。

それ以降、足がつるようになりました。物心がついた頃からある耳鳴り、身体の痛みやしびれに常に悩まされ。それから東海地域に出ていったけど、体調は悪化するばかり。「大好きなマラソンやスポーツを、したいけれどもできない。運動が好きだから、悔しい、悔しいんですよ」と言われます。

＊

九州内からのご相談は、お電話でお連れ合いのこと。

妻は不知火海の海っぷちで生まれ魚をたくさん食べた。魚は自分たちでとりに行けたし、親戚からもらうことも多かった。足がつる、頭痛、めまい、皿や茶碗をすぐ落とす、何もないところで転ぶ、耳が聞こえづらい、身体の痛みや感覚の鈍さ、しびれにふるえ。実家は水俣病の話なんてできない家だから、もしかして、なんて思っても聞けなかった。

それでもいよいよ妻の具合が悪くなって、彼女の兄弟に相談したら、なんとみんながみんな、水俣病の申請をして10年も前に手帳をもらっていた。私たちは最近まで関東にいたから、何の情報もなくて、どうしてこんなに身体が悪いんかと思っても、誰も水俣病の情報なんてよこさなかった。

ようやく3年前に認定申請させたけど、兄弟は3カ月や4カ月で結果が出たと言うのに、妻にはまだ結果が来ない、こんなに歳をとってしまって、もうお迎えが来てしまう。どうか自分が生きているうちに、妻を何とかしてやってほしい。

話を聞きながら、食事の話になりました。「味がわかりづらいということはありますか」と尋ねると、「妻は若い頃に料理教室に熱心に通いましたからね。味覚でというより分量で料理をしています」と答えます。「でも私は若い頃から辛党《からとう》でね。妻が作った料理に唐辛子や胡椒《こしょう》や塩をたくさんかけて食べないと、なんだか食べた気がしないんですよ」と言う、その言葉が気になりました。

「夫さんはどこで生まれましたか」と聞くと、「私は妻の同級生で、同じ場所で生まれ育っています」と言われ驚きました。「私はあなたのことが心配」と伝えて症状を聞いていくと、お連れ合いと同じく辛い症状が多々あります。

「ではなぜあなたは申請しようとはなさらないんですか」と尋ねると、「この家からふたりも患者を出すわけにはいかんでしょう」と言います。

そんなの40年前の水俣病のドキュメンタリー映画の中のお話だと思っていました。夫さんの話は続きます。

「私は、自分は精神が強いと思っています。今はとある会の責任者をしているから、水俣病になるわけにはいかんのですよ。それにふたり暮らしでしょう。私がしっかりしておらないと。だから、どうか、妻だけでも、認定してやりたいんですよ」

夫さんの言葉が心痛く響きます。私は何ができるだろうか。

2017年

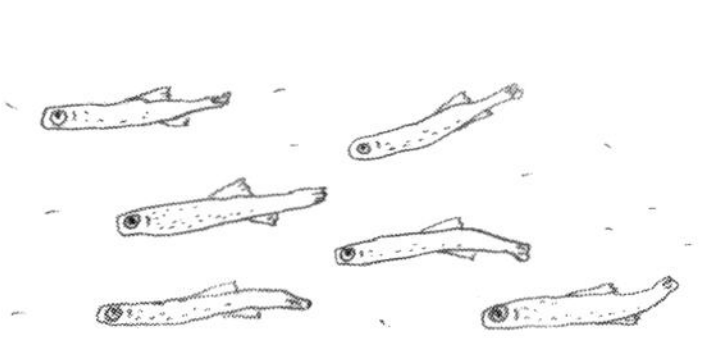

水俣では、
「しらす」を「しろご」と呼ぶ。
かたくちいわしの子ども。

「あとがき」にかえて

問われて語り始めるとき

アウシュヴィッツへ

以前に、父と娘とポーランドを旅行した。

一番の目的はアウシュヴィッツ国立博物館の見学だった。日本人ガイドで『アウシュヴィッツ国立博物館案内』（凱風社　2005）を書いた中谷剛《なかたにつよし》さんに会いたいと思った。第二次世界大戦中に起こったユダヤ人虐殺《ぎゃくさつ》（ホロコースト）はアウシュヴィッツでどのように語られているのか、次世代はどのように受け止めているのかを知りたかった。そしてなぜ日本人である中谷さんがそこで語るのか――。

アウシュヴィッツ強制収容所は、戦争が終わってから3年後に博物館として公開された。きっかけは、強制収容所で殺された人びとを追悼すると共に教訓を残すため、生還者たちが国に働きかけたことだった。だから博物館の館長はホロコーストからの生還者で、ガイドも収容を体験した人が行なっていた。しかし時が経《た》ち、現在330人のガイドの中で戦争を体験した人は1人もいない。体験をしていない彼らは自分たちの言葉で語っているのではなく、生還者が遺《のこ》した言葉を代弁しているのだという。

そんなアウシュヴィッツ博物館で、中谷剛さんは1997年に公式ガイドとして認定された。ガイドとして認められるまでの道のりは長く、そして博物館にとっても中谷さんの存在は衝撃だった。

「日本人が、当事者でもないのにアウシュヴィッツを案内するなんて」となかなか受け入れてもらえなかった。ガイドになってからも、ユダヤ人の女性が来て「よくそんなに冷静に案内ができるわね」と泣きながら言われたことがあったそうだ。

「でも私は経験していない。冷静に案内をするしかない」と中谷さんは言う。

彼も初めてアウシュヴィッツを訪れた時、犠牲者からもぎ取られた大量の髪の毛や子どもの小さな靴を見て衝撃を受けた。しかし長年案内をするうちに、そこに感情がこもらなくなった。中谷さんは「それもまた可能性だ」と言う。

どういうことだろうか？

収容されていた人は、痛みが強すぎる分、周りや全体像が見えなくなることが多いという。実は戦争を体験していない人たちの方が、冷静に客観的に物事を捉《とら》えられるし話ができる。その冷静な説明が受け入れられて、見学者がどんどん増えている。今、戦争を経験していない者が語ることを期待されているのだという。

そして生還者たちも、「次の世代に任《まか》せられる」という思いを持ちつつあり、そのことで案内人自身も歴史の継承を次の世代に繋《つな》いでいけると自信を持ってきているそうだ。現在、アウシュヴィッツには加害国ドイツの案内人もいるという。

「生還者もやがていなくなるわけだから、そのことを前提に伝えるということを試行錯誤している」と中谷さんは話してくれた。

問われて語り始めるとき

一方で、アウシュヴィッツのあるポーランドの市民が、いまだにその悲劇を語れない状況にあると聞いた。

ひとつの原因は、ユダヤ人、障害者、ロマ（通称ジプシー）とともに、ポーランド人も多くの被害にあっていることなのだそうだ。彼らは被害者同士でどちらがよりひどい被害にあったかを競い合うという。自分の被害を認めてほしくて、他者であるユダヤ人の被害を素直に受け入れられない。

もうひとつは、ドイツなどの国とは違って、戦争責任を問われてこなかったという経緯がある。アウシュヴィッツで言えば、市民は被害者であり同時に加害者でもあった。そのため、ポーランド市民のなかに語る条件が整わなかったのだという。

しかし今ポーランドでは、国家としての戦争責任がある程度結論づけられ、次に市民がそのとき何をしていたのかが検証され始めているそうだ。侵略され、それに打ち克《か》った一方で、占領軍のナチスに協力した人がいる、ユダヤ人の排除に加担《かたん》した市民がいるということが社会的なテーマになっている。「あなたはあの時何をしたのか?」と問われた時、「ユダヤ人をナチスに突き出した」「異端者を告発した」と答える。

他者に問われて語り始めたとき、ひとりひとりが初めて戦争と向き合うことができるのではないだろうか。

つぎに語り始めるのは?

ポーランドの人びとが多くを語れないという構図は、「水俣病」の現在とも重なって見えた。

水俣にも、水銀による健康被害、そとからの差別偏見の被害に加え、患者を含む市民同士が傷つけ合った対立の歴史がある。今なお続く対立もあり、多くの市民にとって、水俣で「水俣病」の話は依然としてタブーだ。

他方、2004年の関西訴訟最高裁判決以降、不知火《しらぬい》海周辺地域出身者の中から〝自ら〟水俣病であることを受け入れる人たちが現れ始めた。その数は、現在6万5000人にものぼっている。2008年の入社以来、相思社《そうししゃ》で患者相談を任されてきたおかげで、そうした人たちとの多くの出会いに恵まれた。そこで知ったのは、今なお自分の苦しみを水俣病の被害として表《おもて》に出せずにいる人たちの存在だ。

当時不知火海周辺に住んで魚を多食《たしょく》した人たちは多かれ少なかれ水銀の影響を受けており、症状に違いはあっても皆水俣病を抱《かか》えていると、私は考えている。だから、相思社までの長い坂をやっとの思いでのぼって相談にやってきた人たちに「あなたは水俣病ですよ」と話す。彼・彼女らは、たじろいだり焦ったり否定したり諦《あきら》めたり認めたり、さまざまな反応を見せるが、そこから初めて語りが生まれる。

この本を書き終えた今、長い時間を経《へ》て複雑に絡み合った苦痛や葛藤《かっとう》を紐解《ひもと》いて、自分の苦しさを語り直すことで、水俣病事件を繰り返さない世の中へ一歩近づけるのではないかと思っている。

２０１８年　浅春

永野三智

附章

水俣病センター相思社の紹介

「もう一つのこの世」を目指して

相思社の設立

1969年、水俣病訴訟（第一次訴訟）が提訴された。1972年には原告患者側勝訴の見通しがつくようになってきた。そのころから患者たちは判決後のことを考えるようになった。水俣病患者、特に訴訟派、自主交渉派患者は地域の中で孤立するしかない状況だった。「地域の中でいかに生きるか」が患者たちの中で大きなものになっていった。また、若い患者の将来が心配でもあった。そういった中で「患者・家族の拠《よ》り所《どころ》」を作りたいという気運《きうん》が生まれてきたのである。1972年6月に、ストックホルムで第1回「国連人間環境会議」が開催された。そこに参加した患者たちは「水俣病センター」の設立を呼びかけた。同年10月に発表された、センターの果たすべき機能や役割は次のようなものだった。

相思社から不知火海をのぞむ

1　患者の拠り所となり、闘いの根拠地ともなる
そして「もう一つのこの世」をつくる場所として
2　潜在患者を発掘し、患者の側に立った医療機関の設立を目指す
3　水俣病資料センターの機能を持つ
4　若い患者のための共同作業所を持つ

設立のためのカンパを呼びかけると、全国から寄付が寄せられた。水俣病の多発地のすぐ近くの小高い丘に約千坪の土地を買い求め、センターの建設に着手、1974（昭和49）年4月、水俣病センターは落成し、「相思社《そうししゃ》」（互いに思い合う）と名付けられて活動を開始した。

相思社の活動

設立後の相思社は、未認定患者運動の拠点となっていく。患者団体の事務局として、常にさまざまな訴訟や活動の中心となった。患者の側に立つ医療機関、はり・きゅう・マッサージ治療を行なう「出月《でづき》養生所」を設立し、医療活動を行った。1974年の設立から若い患者たちとの共同作業場としてキノコ工場も運営した。水俣病被害の情宣《じょうせん》や交流の場として、資料室を中心に資料集作成・収集・展示・貸出にあたり、1988年には「水俣病歴史考証館」を設立した。同時に水俣湾ヘドロ処理工事の監視、水俣湾や不知火海のヘドロや魚介類を採取し水銀調査を行った。患者や不知火海住民の聞き取り調査を行った。また、設立以来、水俣病患者や地域住民が栽培する低農薬甘夏やその他の柑橘類の販売も手がけてきた。

1989年、「甘夏事件」を引きおこし、理事が総辞職を表明するなど、相思社は設立以来最大の危機に直面した。それまでの活動の総括《そうかつ》と新しい活動方針を検討し、再出発した。その後、水俣病や相思社を巡《めぐ》る状況は大きく変化した。相思社は長年チッソや行政と対立してきたが、その中心的な課題であった未認定患者の「救済問題」が1995年の政治解決によって一応の決着を見ることとなった。以降、財政的にも厳しい状況に直面していたこともあり規模を縮小し、一方では患者を支えながら、水俣病を伝えることを活動の中心に据えて活動を続けている。

相思社は、「水俣病を伝える活動」、「患者・地域との付き合い」、「地域づくり」の三本柱で活動をしている。これらは互いに関連しており、患者にとって生きやすい社会、そして水俣病を繰り返さない社会づくりをめざしている。

I・水俣病を伝える活動

水俣病歴史考証館の運営、修学旅行やツアーのコーディネート及び実施、水銀に対する水俣条約対応やシンポジウムの開催、出張講演、水俣病患者や関係者からの聞き取り活動、聞き取り集の作成水俣病関連書籍、低農薬柑橘類、無農薬茶、低農薬林檎の販売、不知火海沿岸地域の調査、水俣病学習・環境学習のための教材作成、機関誌「ごんずい」の発行、水俣病関連資料の収集・整理・活用、水俣病の経験を生かした環境教育プログラム作り、ホームページによる情報発信

水俣病歴史考証館

みかんの出荷作業

Ⅱ・患者・地域との付き合い

水保病患者からの相談への対応、聞き取り活動、低農薬柑橘類、無農薬茶の販売

Ⅲ・地域づくり

地域との交流、低農薬柑橘、無農薬茶の販売

そのほか、相思社の行なっているサービス

卒論を書きたい方・水俣病を学習する方の宿泊

相思社の資料室には水俣病関連資料が約22万点ある。水俣病関連では質・量とも最大級のものである。これらの資料を利用して、多くの学生が論文を執筆してきた。水俣病事件にはさまざまな切り口が考えられる。医学、法律、社会学、倫理、環境、人権……。細かく分ければ、認定制度や患者・被害者補償問題、被害者運動、患者団体の関係と変遷《へんせん》、地域づくり、地域特性、漁業、環境問題、人権問題、地域社会、地方行政、チッソと水俣病、水俣病ともやい直し……、さまざまな課題がある。相思社で1週間、2週間、1カ月、半年……、卒論などの研究に打ち込んではどうだろうか。

また、大学のゼミ合宿にも利用できる。水俣病に関する豊富な文献・映像資料を利用して勉強会、水俣でフィールドワーク、患者に来てもらったり、患者の家におじゃまして話を聞く、相思社職員の話を聞くなど、職員が丁寧にコーディネートする。宿泊棟には夏は最大30名程度、冬は20名程度の宿泊が可能。もちろん社会人の方もご利用いただける。

パネルを貸してほしい・書籍・ビデオを買いたい

一般には入手しにくいものを用意している。ご連絡いただければリストを送付している。

運動する博物館「水俣病歴史考証館」の運営

1988年9月26日、水俣病患者と相思社職員の手作りによる、相思社の敷地のキノコ工場跡地を利用した水俣病歴史考証館《こうしょうかん》が開館した。

患者たちから寄贈された不知火海で使われた漁船や漁具の数々、チッソ水俣工場の百間排水口付近で採取された高濃度の水銀ヘドロ、水俣病の原因を突き止める実験が行われた猫小屋、水俣病患者支援運動のシンボルで弔い旗を想起させる「怨」の旗、水俣病患者とチッソの間で結ばれた患者補償協定書の原本、水俣湾埋め立て工事で使われた看板、患者宅に届いた差別ハガキ、石《いし》牟《む》礼《れ》道子《みちこ》氏の「苦《く》海浄土《がいじょうど》」の直筆原稿。水俣病の事実をリアルに伝える実物資料を多数展示することで、知識としての教訓を伝える場ではなく、水俣病事件を通して、社会のあり方や、一人一人の生き方を考える場となることを目指している。水俣病を伝えることは、今を考えること、未来を創ることだ。考証館は、社会運動の媒体としても、機能している。

考証館設立のきっかけは、患者の経験を言葉で表現することの限界を感じていた相思社職員が、ある患者が長年使っていた漁具を見たことだった。「このカキ打ちの喚起力、存在する力に比べれば、自分たちの表現力は取るに足らぬものである」ことを実感として受け止め、事実と現物が人の深い部分に訴える力を表現する展示館を作りたいと考えた。

水俣病歴史考証館とは、当時の理事長であった川本輝夫さんの「水俣病事件を歴史的に捉《とら》え、私たちの生きている時代を、水俣病事件を通して検証しよう」という言葉から「考え証し続ける館」と名付けられた。

〈展示内容〉

1. 不知火海ー豊かな海と暮らし
2. チッソ、行政による犯罪
3. 原因究明期
4. 空白の9年
5. 認定制度と未認定患者運動
6. 水俣湾へドロ処理
7. 健康被害
8. 多様な被害
9. 対立から「もやい直し」へ
10. 残された課題

相思社会員になるには――

相思社は多くのみなさま方からの維持会費やご寄付、まち案内や考証館入館料といった運営収入、それに低農薬・無農薬のりんご・みかん・お茶・玉ねぎなどの販売による収益によって運営されています。

なかでも『相思社会員制度』は、相思社の活動を支える一番大きな柱です。

3つの会員があります

相思社の会員には、年会費によって3種類があります。

◎維持会員

年会費：1口　10,000円

特典

- 相思社機関誌「ごんずい」（季刊／年4回発行）をお送りします。
- 相思社特製絵はがきをお送りします（3月）。
- 水俣病歴史考証館の入館料が無料となります。
- 水俣まち案内料金、相思社主催のイベントへの参加費が。が割引されます。
- 資料請求等で優先的に対応します。

◎**協力会員・応援会員**

年会費：5,000円・3,000円

特典

・相思社機関誌「ごんずい」（季刊／年4回発行）をお送りします。

・相思社特製絵はがきをお送りします（3月）。

・水俣病歴史考証館の入館料が無料となります。

ご入会方法

1 郵便振替で申込み

郵便振替用紙の通信欄にお名前、ご住所、連絡先と「維持会費」「協力会費」「応援会費」の区別を記し会費を下記の郵便振替口座にお送りください。

【口座番号】 01990-8-25341

【加入者名】 水俣病センター相思社

2 メール・FAX・お電話で申込み

相思社あてにご連絡ください。折り返し機関誌「ごんずい」とともに専用郵便振替用紙をお送りしますので、それで会費をお支払い下さい。

メール　info@soshisha.org
FAX　0966-63-5808
電話　0966-63-5800

相思社機関誌「ごんずい」

永野三智（ながの・みち）

１９８３年熊本県水俣市生まれ。２００８年一般財団法人水俣病センター相思社職員になり、水俣病患者相談の窓口、水俣茶やりんごの販売を担当。同法人の機関紙『ごんずい』に「患者相談雑感」を連載する。２０１４年から相思社理事、翌年から常務理事。２０１７年から水俣病患者連合事務局長を兼任。本書は初の単著。

みな、やっとの思いで坂をのぼる

水俣病患者相談のいま

2018年9月12日初版発行
2019年9月12日3刷発行
定価1800円+税

著者 永野三智

パブリッシャー 木瀬貴吉
装丁 安藤順

発行 ころから
〒115-0045
東京都北区赤羽1-19-7-603
TEL 03-5939-7950
FAX 03-5939-7951
MAIL office@korocolor.com
HP http://korocolor.com

ISBN978-4-907239-28-2 C0036

---

cosh

ヒューマンライツ

人権をめぐる旅へ

香山リカ【対談集】

いま、日本を考えるなら
「人権」を
学び直さなければ——
そう考えた香山リカさんが
人権をめぐる旅に出た。

1500円＋税
978-4-907239-16-9

目次より